Professional Shrimp Farm & Exporters C-SKY 海天

C-SKY International Trade Co.,Ltd.

海天國際貿易有限公司

www.c-sky.com.tw

service@c-sky.com.tw

大粒

小粒

2L **9L**

高機能活性底床 pH5.

適用於水晶蝦及弱酸性魚和

- 精心挑選天然原料燒結而成。
- 適合水生物、植物生長。
- 富含微量元素。
- 能穩定pH、KH質及消除NH3 / NH4。
- 大小顆粒適中，有效創造自然環境，不
  滌可直接使用。
- 不污染水質，不易崩解。
- 是最強的機能性過濾材料，耐用性特優

提供水中動植物良好水質環境的介質，
效建立生態平衡，可穩定pH、KH質，
NH3 / NH4功能，高吸附機能，弱酸性
速建立水中動植物生長環境，初學者也
易調控。不易崩解，清澈水質。

Tetra

觀賞蝦底棲魚飼料

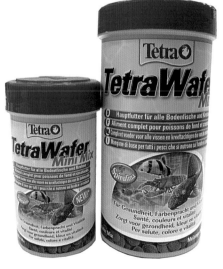

蔬菜綠般之錠片含高比例之螺旋藻
，極適合鼠魚、底棲魚及三間鼠類
之底棲魚種，但其溶解頗為快速，
所以餵食之初需要速戰速決！植物
性成份飼料，對素食主義的異型魚
來說是最適合其所需之飼料。含穩
定型維他命C，增對疾病之抵抗力，
促進生長及避免"營養缺乏"症候群
產生。
內含6%之螺旋藻成份。內含其他高
品質之藻類成份。餵食底棲魚極其
方便，從此不須再放置菠菜、萵苣
菜來餵食，促進生存率及健康。

ISTA

水晶蝦飼料

豐富的甲殼素與乳酸鈣是
脫殼成長所必需的健康成
，而內含多量且穩定的維
礦物質，更是維繫蝦殼白
要因子，多醣體更確保抵

總代理: **宗洋水族有限公司** **TZONG YANG AQUARIUM CO., LTD.**

www.tzong-yang.com.tw　e-mail:ista@tzong-yang.com.tw　FAX:886-6-230-6734　TEL:886-6-230-3818

遠紅外線奈米環
FIR Porous Bio Ring

特殊孔隙組織，提供微生物及
硝化菌更廣大的附著寄生面積
更有效濾淨化水質平衡生態。

特殊蟻巢狀微孔分佈，有利於好氧性益菌著床生長，能
快速建立硝化系統，保持水質清澈，使用週期更長。

含水量及吸水率為其他多孔性生物環所不及。
市售同質產品表面有空隙，內層則無氣孔。而本產品之
氣孔由外而內分佈均勻，表面積是其他產品的10倍以上。

本產品適用於所有淡水及海水養殖之過濾設備。

生化過濾器
BIO-SPONG

採特殊高品質生化過濾棉所製成。
培菌表面積最大，不會阻塞影響水流，可供大量硝
化細菌生長。
利用空氣馬達帶動運轉、氣泡小、對流佳、無噪音。

Tetra

Tetra TwinBilli Filter

Tetra TwinBrillant Filter

Tetra TwinBrillantSuper Filter

BIO-SPONGE FILTER

代理: 宗洋水族有限公司　TZONG YANG AQUARIUM CO., LTD.

www.tzong-yang.com.tw　e-mail:ista@tzong-yang.com.tw　FAX:886-6-230-6734　TEL:886-6-230-3818

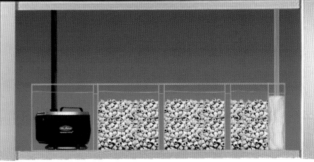

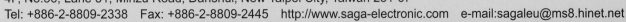

WATER CHILLER ipo 冷卻機

微電腦 溫度控制

360°可旋轉 進出水接頭

可拆式 隔離網

型號 Type	功率 Power	冷卻能力 Water Quantity	適用魚缸/25℃ Suitable for Tank(25℃)	循環水量 Circulating Water	電壓/頻率 Operating Voltage	外觀尺寸 Size(cm)
ipo-100	1/10HP	100L~150L	2.0尺/60cm	900~3600L/H	AC120V/60Hz	W27.5xL39xH40
ipo-200	1/8HP	150L~250L	2.5尺/75cm	900~3600L/H	AC120V/60Hz	W27.5xL39xH40
ipo-300	1/6HP	250L~350L	3.0尺/90cm	1200~4800L/H	AC120V/60Hz	W27.5xL39xH40
ipo-400	1/4HP	350L~500L	4.0尺/120cm	2000~4800L/H	AC120V/60Hz	W33.5xL42.5xH45
ipo-500	1/3HP	500L~650L	5.0尺/150cm	3000~6000L/H	AC120V/60Hz	W33.5xL42.5xH45
ipo-600	1/2HP	650L~800L	6.0尺/180cm	3000~6000L/H	AC120V/60Hz	W33.5xL42.5xH45

● 高精密微電腦液晶面板智慧控溫。
● 操作簡易、快速降溫、穩定性高。
● ABS外殼材質，堅固耐用。
● 設計新穎永不生鏽、散熱效果最佳。
● 熱交換器為純鈦金屬管製作，耐腐蝕。
● 缺水、過熱時，自動斷電保護。
● 採用國際綠色無氟R134a制冷劑，安全環保

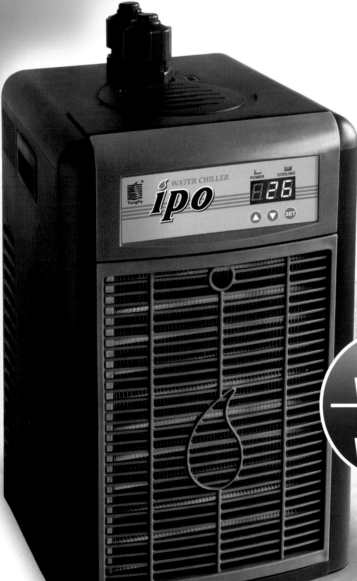

FRESH WATER / SALT WATER

台灣製造 品質效能NO.1

完善的售後服務 維修保固有保

同發水族器材有限公司
http://www.tung-fa.com.tw e-mail:tandfwatersu@outlook.com

TUNG FA AQUARIUM CO., LTD.
誠徵 中國各地區代理
台灣 電話：886-2-2671-2575・傳真：886-2-2671-2582
大陸聯絡處：13433655291・13580843373 蘇先生 QQ：2296842749

台灣
專業

PREMIUM QUALITY

中國專利商品
仿冒必究

ipo

超薄型止逆外掛過濾器 Filter

高效　靜音
　美觀　安全

斷電不回流裝置

IPO-380

IPO-280

IPO-180

產品編號	使用電壓	消耗電力	適用魚缸	適用水量	流量	產品尺寸
IPO-180	220V / 50Hz	3.5W~4.0W	25~35cm	18L	150~180L	130x85x150mm
IPO-280	220V / 50Hz	3.5W~4.0W	35~45cm	28L	250~280L	185x85x150mm
IPO-380	220V / 50Hz	3.5W~4.0W	45~55cm	38L	350~380L	250x85x150mm

同發水族器材有限公司
http://www.tung-fa.com.tw　e-mail:tandfwatersu@outlook.com

TUNG FA AQUARIUM CO., LTD.　誠徵 中國各地區代理
台灣　電話：886-2-2671-2575・傳真：886-2-2671-2582
大陸聯絡處：13433655291・13580843373 蘇先生 QQ：2296842749

台灣品牌
專業品質

AQUARAMA
The 14th International Ornamental Fish and Accessories Exhibition
2015

THE GREATEST AQUATIC EXHIBITION ON EART

28 - 31 May 201
Singapor

Organised by

UBM

Co-located with

PET ASI
The 5th International Pet
& Accessories Exhibition
201

www.aquarama.com.sg

INTERNATIONAL
UBM Asia Trades Fair Pte Ltd
6 Shenton Way #15-08,
Tower Two, Singapore 068809

Tel: +65.6592 0889
Fax: +65.6438 6090
Email: aquarama-sg@ubm.com

Contact: Ms Iman Tam
(Reg no: 199401769K)

CHINA
UBM China (Guangzhou) Co Ltd
Tel: +86.20.8666 0158
Fax: +86.20.8667 7120
Email: jack.zhi@ubm.com

Contact: Mr Jack Zhi

KOREA
UBM Korea Corporation
Tel: +82.2.6715 5400
Fax: +82.2.432 5885
Email: Enoch.Jeong@ubm.com

Contact: Mr Enoch Jeong

TAIWAN
UBM Asia Ltd - Taiwan Branch
Tel: +886.2.2738 3898 / 5598
Fax: +886.2.2738 4886
Email: info-tw@ubm.com

Contact: Ms Sabine Liu /
Ms Meiyu Chou

USA
UBM Asia - San Francisco
Tel: +1.415.947 6608
Fax: +1.415.947 6742
Email: alvina.kwok@ubm.c

Contact: Ms Alvina Kwok

BEST VIEW
In Chinese Language

魚雜誌

h Magazine Taiwan

卵生鱂魚的飼育與賞析

2009 野生原鬥展示級鬥魚辨識年鑑

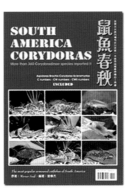

鼠魚春秋

神仙世紀

龍來瘋

Mailbox: 22299 Much P.O.Box 5-85, Taipei, Taiwan
Tel: 886-2- 26628587. 26626133
Fax: 886-2-26625595
email: nathanfm@ms22.hinet.net
Website: www.fish168.com

短鯛I

南美短鯛II

2300ATLAS熱帶魚年鑑I

2300ATLAS熱帶魚年鑑II

神龍榜 - 中文增補版

神龍榜 - 英文版

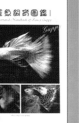

魚飼育圖鑑I

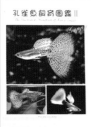

孔雀魚飼育圖鑑II

異型總動員I

異型總動員II

傳奇I

神龍傳奇II

神龍傳奇III

神龍傳奇IV

紅魚外傳

紅魚正傳

Aquatic Plants

FOR AQUARIUM USE ONLY

Cultivated Soil

水草栽培土

NEW

水草栽培土能夠降低水質硬度
及酸鹼值，其膠質微粒會吸附
水中漂浮的雜質，而顆粒間的
縫隙可讓水草的根部易於伸展
與緊固，故長期使用可營造出
最適合水草生長的環境。

**Aquatic Plants Cultivated Soil
can reduce water hardness
and PH, the adsorption of
colloidal particles floating in
the water of impurities, and
the gap between the particles
can be easily extended to the
roots of plants and fastening,
so long-term use can create
the most suitable
environment for the growth
of aquatic plants .**

M-LE-47-3

3Kg包裝 / 約適用於1尺的水族箱
3Kg packing about 1 feet for aquarium

M-LE-47-8

8Kg包裝 / 約適用於2尺的水族箱
8Kg packing about 2 feet for aquarium

天然水族器材有限公司
Tian Ran Aquarium Equipment Co., Ltd.

Tel：886-6-3661318　　Fax：886-6-2667189
www.leilih.com　　E-mail：lei.lih＠msa.hinet.ne

水晶蝦這樣玩
歐洲頂尖繁殖者

Breeders 'n' Keepers

／Publishing House
誌社 Fish Magazine Taiwan

／Publisher
明 Nathan Chiang

／Author
s Lukhaup、Ulrike Bauer

翻譯撰寫／Copy Editor
明、張永昌

總編／Art Supervisor
霖 Lynn Chen

／Photographer
s Lukhaup

信箱／Mail Box
9 木柵郵局第 5-85號信箱
BOX 5-85 Muzha, New Taipei City
9, Taiwan (R.O.C.)

電話／Phone Number
886-2-26628587／26626133

傳真／Fax Number
886-2-26625595

郵政劃撥帳號／Postal Remittance Account
19403332 林佳瑩

公司網址／URL
http://www.fish168.com

電子信箱／E-mail
nathanfm@ms22.hinet.net

出版日期　2013年11月

國家圖書館出版品預行編目（CIP）資料

水晶蝦這樣玩：歐洲頂尖繁殖者/Chris
Lukhaup、Ulrike Bauer原著；蔣孝明、
張永昌文字翻譯. --〔新北市〕：魚雜誌，
2013.11-
　　面；　公分
譯自 Breeders 'n' Keepers
ISBN 978-986-84527-6-3（精裝）

1.蝦 2.養殖

438.662　　　　　　　102023014

editorial

:or: Chris Lukhaup

orial assistant/translation/proof-reading: Ulrike Bauer – certified translator. Special fields of work: aquaristics/mechanical
neering/economy **Contact:** info@englisch-werkstatt.de, www.englisch-werkstatt.de

ative Director, Editorial Design: René Türckheim, Gnesener Straße 17, 85276 Pfaffenhofen a.d.Ilm, Phone +49 179 2313943,
v.renetuerckheim.info, Email: mail@renetuerckheim.info

lishing and Distribution: Dennerle GmbH, 66957 Vinningen Germany

Ulrike Bauer

René Türckheim

Chris Lukhaup

Index of contents

目録

親愛的蝦友,

　　我們都有一個共同點：我們著迷於這些小型、華麗、色彩鮮豔、圖案精美、生活在水族箱中的小生物，並給我們帶來歡樂。

　　嗯，有時候當然也會帶來悲傷和憂慮，如果他們不繁殖或甚至死亡。

　　養蝦的嗜好仍然是相當新鮮的事情，飼育和繁殖這些生物，還有很多未知的領域尚待探索。在過去的幾年裡，我走遍了世界各地收集更多與蝦子相關的資訊，並能夠一窺其自然棲息地，到處參觀了各國的繁殖者，落腳在觀賞蝦的專賣店，從而累積更多的知識。我得出的結論是，成功地飼養和繁殖蝦子不僅僅只有一種方式，而我總是著迷於當繁殖者開始透漏出其秘密。他們的知識和經驗是很重要的，尤其關於這些課題並沒有多少人知道。因此，我決定採訪與請教一些歐洲最好的繁殖者及飼養者。

　　本書是 "繁殖者和飼育者" 系列的第一本　，我們希望讀者能參考別人的經驗，利用他們的知識，並享受您玩蝦的水族樂趣。

Chris Lukhaup

Neocaridina *davidi*

by Werner Klotz

Neocaridina davidi (Bouvier, 1904), a new name for a well-known shrimp in aquaristics

一種知名觀賞蝦的新學名

　　本蝦種是水族市場上最流行的淡水蝦，擁有許多名稱：極火蝦（玫瑰蝦）、櫻花蝦、黃金米蝦、香吉士蝦、橘櫻花蝦、巧克力蝦、黑火蝦、琉璃蝦、香港藍蝦等。其灰棕色略帶透明的原種（黑殼蝦）是知名的除藻蝦，在每位飼養者間傳遞，而其顏色的變化則是讓本蝦成為各種流行變異種繁殖的大宗－本蝦是在造景缸中最廣為飼養的種類之一。

　　本蝦易於飼養及繁殖且具有高度變化的顏色圖案，現在這個美麗的淡水蝦種需要重新進行科學上鑑定及修正，儘管它們在水族上發揮了巨大的作用，即使這些高適應性的蝦子現在已被列在一些國家水產品種的名單上，但其分類地位到現在為止都還不是很清楚。

此蝦子在夏威夷的自然水域被發現－這蝦群原先該是被飼養來當作水族飼料蝦，之後逃脫到野外。

在 2002 年中國的甲殼類動物學者梁，他基於其顯的雌雄異型特性，將之從 N. denticulata 分開，出了一個新的獨立物種 N. heteropoda。兩年後梁寫一本有關中國淡水匙指蝦的專著，他不僅列出 N. ticualta sinensis（Kemp，1913）也列了 Caridina idi（Bouvier，1904）作為此新種的同種異名。然而

他在這樣做時卻忽略了一個事實，即舊學名 C. davidi 應該比新名 N. denticualta sinensis 和 N. heteropoda 享有優先權。

直接將水族缸中繁殖的香港藍蝦及玫瑰蝦與巴黎自然歷史博物館的 C. davidi 標本相比較，可發現兩者是同種，因此這隻高人氣淡水觀賞蝦的正確學名應該是 Neocaridina davidi。

Blue Shadow Mosura

藍體花頭

美麗的頭部圖案。我希望我多數的黑金剛蝦都長這樣子

Blue Shadow Mosura with a beautiful head pattern. This is how I want most of my shrimp to look like.

Black 'n' Blue

黑與藍

Breeder

Beate Enkirch

CL： Beate，你給了我一些藍帶花體黑金剛蝦的照片。您只專注在此種蝦顏色的變異，或您也飼養其他的觀賞蝦？

BE： 我從黃金米蝦和藍色珍珠蝦開始飼養，那時與我的鼠魚群養在一起。後來瀏覽了許多觀賞蝦論壇後，我想試試看紅水晶蝦的飼養和繁殖。

因此，我買了另一個水族缸專門養蝦。幾年後我在一個小架上放上三個小缸，開始了我的第一隻台灣水晶蝦和其混種蝦。

一段時間後他們的子代中出現了一隻"藍體花頭"，我把牠當作我的目標，希望可以培育出純系且美麗的台灣水晶蝦變種。

目前我有6座蝦缸，其中三座體積為36至40公升，作為不同顏色台灣水晶蝦的小型繁殖缸。其中一個試養R1反交蝦的小蝦，充分成長後就交給牠們的新主人。60公升的蝦缸中有Pinto蝦和藍金剛蝦（*Blue Bolt shrimp*）的幼蝦。160公升的水族

Blue Shadow Mosura

藍體花頭

我很樂意在牠們的腿看到更多的色彩

Blue Shadow Mosura, whose legs I'd love to see with some more color.

Blue Shadow Mosura

藍體花頭

有一個美麗王冠似的頭部圖案

Blue Shadow Mosura with a beautiful, even crown pattern on the head.

我的結論是好的過濾系統對一個繁殖缸而言，是非常重要的。

箱中飼養了不同顏色和圖案的台灣水晶蝦，及其F1子代的母蝦。另一個250公升的大蝦缸中有我最愛的藍體花頭黑金剛蝦（*Blue Shadow Mosura*）、台灣水晶蝦及藍金剛蝦（*Blue Bolt shrimp*）。我把*Neocaridina*給了我的丈夫，養在他670公升的混養缸裡。由於我們沒有隔離這些蝦，所以不會介意他們的後代會變出哪些顏色及表現。

藍體花頭黑金剛蝦是怎麼來的？

我將我的第一隻台灣金剛蝦與兩隻熊貓變種蝦混交，在他們的後代中我發現了三隻藍體花頭黑金剛蝦。我非常喜歡這個台灣水晶蝦的顏色變種，所以把他們與一些藍金剛蝦單獨養在一起。不幸的是，在一次防渦蟲的療程中，我折損了水族箱裡所有的蝦。

我問了這些台灣混種蝦原來的繁殖者，確認他們與K14水晶蝦有親緣關係。根據孟德爾定律，我假設他們的圖案表現是由其祖母代傳遞給這三隻幼蝦的，所以我打算之後自己繁殖混種台灣水晶蝦的方式。因此我買了純種K14水晶蝦的母蝦，將牠們與台灣金剛蝦雜交。在這些混種子代中選出K12/K14等級的母蝦，然後再與一群藍金剛蝦混養，因為我認為子代會出現這些"沒圖案"台灣水晶蝦的基因和牠們母親及祖母的頭部圖案。

果然，大量的後代擁有這些圖案和顏色。幾乎所有子代均是藍體花頭，而R1的反交子代也全部都有K10-K14的黑水晶蝦等級。

我在學校修過的高級生物學課程最後終於派上用場了。

CL： 您挑選水晶蝦的標準是什麼？

BE： 我挑選的焦點放在蝦子的活力和顏色。有微小顏色瑕疵的藍體花頭黑金剛蝦，會立即移出繁殖缸。有黑點或條紋的個體會單獨飼養到成蝦。

Blue Shadow Mosura

藍帶花頭
頭帶深色區域縮小
Blue Shadow Mosura with a reduced head band.

CL： 您繁殖缸的水質參數為何？多久換水一次？換水量多少？

BE： 我的繁殖蝦缸pH值為6，KH 0，GH 6，電導度300。兩個大缸（160升和250升）每隔兩週大約換10％的水，小立方體則是每週一次換10％水。就我而言，小缸換水頻率較高的理由是裡面只放了EHEIM Aquaball內部過濾

挫折後不要失志。如果你以滿足蝦的需求為方向，為牠們提供恒定的水質參數和良好的過濾系統，你遲早會成功的

器，而大的繁殖缸則配有專業圓桶（外置式）過濾器，含三個濾槽的上部過濾器，過濾比小缸強得多。此外，我所有的蝦缸均大量種植水草，因為我深信植物可吸收大量潛在的有害物質，例如水中的硝酸鹽。另外我喜歡水草缸，蝦子在裡面似乎也過的相當不錯，兩個大型蝦缸均設置二氧化碳的系統，讓pH值保持在6。

CL： 可以告訴我們您蝦缸鋪什麼底土嗎？您會常常翻新並清除淤泥嗎？

BE： 在我所有的蝦缸中都採用同一種活化土壤（Akadama Ibaraki），可保持水質參數相對穩定在pH 6，蝦子似乎過的非常好。只要我發現長大的子代變少了，就會更新的底土，周期大約是一年。我不會吸除淤泥。

CL： 您水中有加入添加物嗎？礦物質、鹽類或水質穩定劑？

BE： 我使用RO水再加入"Bee Shrimp Mineral GH+"，每五公升滴入一滴降酸濃縮液。很不幸，我所在地的自來水pH值高達8.8。另外，會定期加入液態礦物鹽。

CL： 您的蝦都餵甚麼飼料？

BE： 我餵食許多不同形式的飼料：蕁麻葉、蒲公英葉、速凍豌豆、有機菠菜葉、Biomax白色顆粒、Dennerle Shrimp King（不同種類）、核桃葉和各種樹木的秋葉。細蝦肉粉使用沾濕的牙籤送入，但不能餵太多。在我看來這種細粉末的食物量太多，往往會對水質有不良的影響。

CL： 您認為繁殖缸過濾器的重要性？

BE： 我的結論是好的過濾系統對一個繁殖缸而言，是非常重要的。水質越好、細菌的數量越低，即可提升育成率。因此，我通常會選擇一個尺寸相當大的外部或內部的濾器，並配合我所選擇的濾材。我並不十分信任底部過濾或底部浪板過濾器。

CL： 您遇過挫折嗎？如何因應？

BE： 當然，我有過艱難的學習曲線，尤其是開始飼養台灣水晶蝦後，因為這些蝦子都是敏感的，無法忍受稍為不良的水質。我之前選擇了中性的底土，從沒有真正成功地讓pH值降下來，我瘋狂的使用降酸濃縮液，但是很難降低pH值較高的自來水。不幸的是，我因此失了大量的台灣水晶蝦。我很快換成活性土壤，並且使用RO水再加物礦化鹽，我終於得到的渴望的水數。

第一次，大部分的子代均順利長大，然而接下來卻渦蟲出了錯。僅用移除的方式，並無法控制其數量，我對兩個水缸下藥。很不幸的是，當時我最好的台灣水晶蝦不幸暴斃，但是渦蟲並沒有根治。

最後經過仔細的消毒和重新的設缸才擺脫了渦蟲的困擾。

CL： 你會注意缸中蝦子的數量嗎？極限為多少？

BE： 目前，我只有少量經篩選的蝦子養在我四個小尺寸的缸中做不同的育種嘗試。因此還不會有"蝦口太多"的困擾。

另兩個大型水箱很寬敞，我從來沒有想過，他們的數量可能過高。然而，相當茂植的水草令我難以看出確實的數量，不過他們幾乎佔滿了可棲息的所有表面。

CL： 想要養殖觀賞蝦，首要記住的事情是甚麼？

BE： 挫折後不要失志。如果你以滿足蝦的需求為方向，為牠們提供恒定的水質參數和良好的過濾系統，你遲早會成功的。條條大路通羅馬－每個人都可找到適合自己的方式。

Blue Shadow Mosura

藍體花頭
我期待看到更濃的顏色
Blue Shadow Mosura, which I'd like to see with more intensive colors.

飼育者	Beate Enkirch
Email	aenkirch@freeent.de
年 齡	46
來 自	德國
蝦 種	台灣水晶蝦、Pinto 台灣水晶蝦、R1 雜交（第一代親代，子代返交）
飼養蝦	8 年

Black Ghost Bee

黑魔鬼蝦

Caridina cf. cantonensis var.

Breeder
Roland Lück

到處都有蝦
Let There
Be Shrimps

CL: Roland，您專注於高品質的水晶蝦，對於其它蝦種不惶多讓。您挑選水晶蝦的準則為何？

RL: 有許多準則，首要的是白色、紅或黑色的濃度。理想來說，整隻腳及觸角的基部也要有顏色。其次，我把焦點放在色彩的均衡。然而我並不會受限於現有的分級系統。

有關圖樣表現最大的挑戰，在我看來在於繁殖兩個清晰的雙日之丸加上頭部兩個圓形的大麻呂點及背上邊緣不能模糊的禁止進入標誌。

為什麼是這樣的組合是很大的挑戰？簡單地說，要求太多準則了。在Mosura白軀或更甚的是Smiley笑臉水晶蝦，我主要注意幾個特點：對於Mosura花頭，皇冠標誌必須是圓且界線明確的，如同Smiley的半月唇的笑臉標誌一樣，也要對比分明。然後必須考慮到色彩濃厚度和覆蓋範圍，這就是極品的蝦子。然而，雙日之丸及禁止進入型不止如此。麻呂圖樣應是中等大小的完美圓形。禁止進入標誌也要是完美的圓形，被清楚的中線分開，而與另一個日丸相對應。背甲應該是均勻的紅色，除了頭上兩個白色麻呂外無其它顏色的斑點。蝦腳顏色可以是白色和/或紅白相間。當然，色彩覆蓋率也要非常好。如此就可以組成一個非常和諧的圖案。

不過，如果其個別的腹節是完全純白色的，我認為斑紋帶狀的水晶蝦也極具吸引力。我得承認，除了在Thoddy巧思的水晶蝦連環漫畫裡外，我還沒有見過紅色或黑色的水晶蝦可達到這個境界--而我的水晶蝦閱歷已算是豐富的了。這些帶狀斑紋蝦有可能死光了或變得非常罕見，如果我能夠找到此類的優良蝦種，我真的很想嘗試養殖看看。幾乎沒有人仍在注意這種多斑的蝦子，每個人似乎都瘋狂的追求他們水晶蝦白色部分的百分比。為了保障這些特點，一致的品系育種是相當重要的，圖樣不對的蝦子必須要移除以避免失敗。我們確實從科隆線的超紅水晶蝦培育出高純度的品系，所以可以穩定其圖案。然而，我們除了大面積白軀的品系外，幾乎沒有關注其它品系的繁殖。如果你混交中等級的四段白和日之你會得到超過90%的V斑蝦和雙V斑蝦（又名虎牙）是，這些蝦沒有完全白色的腹節也沒有圓形的日之案。對於繁殖者，它們只是中間體，因為他們既不是也不是後者。就我個人而言，我真的不認為這些圖有吸引力，也不是我選種的目標。繁殖者應該認同一或少數）美觀的標準並尋求穩定此品系，以提高這的蝦子產量。我和一些飼養同好們已經開始描述這準，我們不只是交換我們的意見和經驗，我們也交子以根據這些標準來進行品系蝦育種。當然，所有切都是自發性的，我們從沒想過要違反其他人的自志來適應這些標準。

CL : 我知道您對金剛蝦的挑選標準非常嚴格。可以多我們一些嗎？例如為何您繁殖缸裡沒只有藍金剛蝦藍熊貓蝦等變異種？

Pumkin Shrimp

香吉士蝦

Neocaridina davidi var. "Pumkin Shrimp"

我缸中只養純系的黑金剛蝦。就如同你可能已經推斷出我的偏愛是黑水晶蝦，雖然無法說出真正的理由，但我覺得黑色很有親和力。雖不抗拒絕藍金剛蝦，我只是不感到興趣。如果黑金剛蝦出現藍黑的底色，我會將之移除，因為白色的身軀就有瑕疵。

我將金剛蝦分成三群。我以黑色金剛蝦為例子來說明：

以純系群來說，白色塊可分為帶狀和馬鞍狀（早期稱為熊貓）及線狀（早前被稱為"金剛"）再加上全黑型，舊名為黑鑽。這些都是"經典"的金剛蝦類型。然而金剛蝦與水晶蝦雜交後往往會遺傳它們的圖案，因此我們稱第二群為"混水晶蝦"群。在此群中，具有我們已知的水晶蝦所有模式，然而也有一些例外。例如，Mosura金剛蝦往往在它們的頭上形成一個帽狀圖案（頭蓋），而且最後腹節上留有黑色細帶，我們稱之為尾鍊。

第三群的模式，來自虎晶蝦Tigerbees。這群裡，有黑白點狀交替（Pintos）及條紋交替（斑馬）的腹部和腹部線條。斑點的變異，應該至少有三到五對甲殼上的斑點，與它們的眼斑、頰斑點和麻呂。在成長的過程中，可能會出現兩對側向點。這些斑點可能會擴大，在進一步育種過程中合在一塊，這帶來了新且非常有趣的圖案。

此外，我挑選的標準是各等級的圖案必須有清楚的界線，馬鞍狀及帶狀的斑塊必須涵蓋住腹節。

帶狀斑要涵蓋住整塊腹甲，鞍狀斑則要佈滿背甲。Tobias Giesert和我制定了一些指引我們繁殖方向的標準。很不幸我們還沒有圖說，所以無法向更廣大的眾人表達我們的理念。

另外，除了清晰而和諧的圖案，我覺得特別重要的是顯色覆蓋的程度。對於水晶蝦，我們不接受顏色變薄。

在金剛蝦上，基本色調是深暗且微藍的黑色。我們為什麼要接受一個不好的顏色覆蓋住白色的部分呢？如果白

Red Ghost Bee

紅魔鬼蝦

Caridina cf. cantonensis var. Red Ghost Bee

Red Bee banded – Narrow V

窄V型帶狀水晶蝦

Caridina cf. cantonensis var. Red Bee banded-Narrow V

色是不紮實的，基底的顏色會透出而出現了藍色的色調。這種情況最常發生在水晶蝦或水晶–金剛混種與金剛蝦雜交的子代。如果育種者忽略了金剛蝦堅實的白色部分，他們就會生出藍色的蝦子，然後視之為新品種，在我看來，這不是很正確的。生出藍金剛蝦並不難，如果你不堅決選育白色的個體，它們會自己把整缸蝦都染成藍色。而且，一旦具有藍色的變異，你會發現它很難覆蓋純白回去。這些蝦，當別人還沒開始討論金剛蝦的質量差異時，很早被我從繁殖缸中排除了。我們對於明確定義圖案和紮實白色的嚴格選種標準，還有一段路要走。

酒紅金剛蝦，我可以接受任何以紅及黑為底色的混合，可做出美麗的棕色色調。色彩必須均勻，帶有深紅色的部份不可有黑色的條紋。一樣，我還是會把焦點放在紮實的純白。

CL: 您缸中之前稱為"超級水晶紅蝦(Super Crystal Red)"，現在更名為"超紅水晶蝦(Super Red Bee)"，為何名稱會更改？

RL: 超紅水晶蝦(Super Red Bee)是由Micro Geyer命名，而不是我取的名字。此蝦種是一位住在科隆(Cologne)的繁殖者，經過數代的選種繁殖而得來的。因為此繁殖者只用水晶紅蝦來育種，Micro的命名受到嚴厲的反對，他也因此放棄Super Red Bee這個名稱。

不可否認的是，在水晶紅蝦的品系中可找到顏色較紅的個體，但是除非是色盲才會忽略它們與科隆品系紅色色調之間的差異。我立刻意識到此品系的繁殖價值，決定改回他們的舊名"超紅水晶蝦(Super Red Bee)"，以將

這個優秀鮮紅的品系與其它所有的"超級水晶紅蝦per Crystal Red)"做區分。現在我們已經找到了名的妥協，加上"科隆品系(Cologen strain)"並改回超級水晶紅蝦(Super Crystal Red)"的稱號。

CL: 您繁殖的目標為何？

RL: 對於紅及黑水晶蝦，我特別的目標是培養出高品質的紅/黑水晶蝦，擁有我喜愛的雙日之丸禁止進入圖無細唇，半月形等)，在加上大小適中而清晰的麻呂這對我是最大的挑戰，因為同時要將這些圖案最佳當然，我也會挑選最厚實的顏色。集這些特點於一蝦子幾乎不可能，我把這當作未來長遠的目標。

Ree Bee Double Hinomaru

雙日之丸水晶蝦

Caridina cf. cantonènsis var. Ree Bee Double Hinomaru

我們期待在您缸中看到什麼蝦？

我未來主要的標的是純血黑水晶蝦，擁有大部分上述的圖案及濃厚的黑白色彩。這可能是德國最缺乏的高品質蝦系。當然我也會忙於純血紅水晶蝦，我也想投入維持及改良"經典"黑金剛蝦（全黑、帶狀、鞍型、及索型）。在混虎晶蝦的族群，我想要有五對斑點的金剛蝦。

您缸中那些顏色或品系的變異是最具發展潛力的？

在所有我繁殖的蝦種中，紅色及橘色系的玫瑰蝦（Neo-caridina heteropoda）可能是品質最高的。除了遺傳性的因子可能被優化外，已經沒有太大的改善空間。不幸的是，很難判斷這些蝦的深厚色澤是由於外在因素的影響或由於繁殖者的選擇培育使然。只能由蝦的子代來判斷。玫瑰蝦的顏色容易被外在因素所影響，例如溫度、水質硬度和食物。

我認為我的水晶蝦以亞洲的觀點來看，離高品質還很遠。

CL：您繁殖缸的水質參數為何？多久換水一次？換水量多少？

RL：我密切監控水中硝酸鹽的含量，在軟水蝦缸不可高於10mg/l，總硬度不低於6 dGH。並依據硝酸鹽濃度來換水，如果含量增高，我會提高換水量及頻率，不管如何我每星期至少換掉10%的水，於新水儲存幾天後加入微量元素。至於在玫瑰蝦的缸子，因為這種蝦能忍受較高的硝酸鹽含量，所以換水就可以不那麼頻繁。

與一般認知情形相反，細菌並不是漂浮在水中，科學證實 99% 在缸中的細菌均是在生物膜（菌膜）中被發現的

Ree Bee Mosura - Crown

紅花頭水晶蝦 - 皇冠型

Caridina cf. cantonensis var. Ree Bee Mosura – Crown

Ree Bee Mosura - Cross

紅花頭水晶蝦 - 十字型

Caridina cf. cantonensis var. Ree Bee Mosura – Cross

蝦的族群數應該較高，
以維持其自然的社會結構

Ree Bee Hinomaru

可以告訴我們您蝦缸鋪什麼底土嗎？您會常常翻新並清除淤泥嗎？

分別說明：在封閉循環的系統繁殖缸中，我最多只放一滿匙的細沙讓蝦子玩耍。在這裡，我喜歡放入棕色的落葉、沉木和墨絲，蝦適應的很好。在這些水缸中，我靠的是自然的水質平衡，讓我有機會自動調節和監控其水質。一個大的水循環系統中，水質變化慢，不像在較小的水缸裡，水質容易突然失去平衡。在個別過濾的缸中，我使用活性底土來穩定水質並補償經常性的換水。

您對照明的意見為何？您同意強光會影響蝦子體色的理論嗎？

對於玫瑰蝦（Neocaridina heteropoda）而言，光線絕對可強化其顏色的深度。至於照明對水晶蝦有何影響？我自己還沒做過測試。

您水中有加入添加物嗎？礦物質，鹽類或水質穩定劑？

我加入自己混合的水晶蝦鹽，多位歐洲繁殖者長期使用證明其效果是好的。知名的商店Garnelenhaus後來幫我代理此產品，感謝Logemann兄弟！礦化鹽裡面的礦物質不只是針對蝦子的需求，而是針對製造微生物的菌類來調配。對於淡水生物來說，礦物質很難直接從水中被吸收，因為滲透壓的關係，這些生物很難在水中把進入體內的水再排掉。蝦子必須從食物中攝取礦物質，從水中吸收只是其次。不管之後研究證實蝦子是否會從水中吸收礦物質，怎麼說都是不足夠的，為了保險起見，我還是在鹽中加入及重要的碘和微量元素。我也認為腐植酸是至關重要的，尤其是小量的黃腐酸，科學證明這對

魚具有非常正面的幫助。它們可當做有機的螯合物，防止微量元素被氧化；可以結合重金屬及氨，減少底部的淤泥，在軟水中穩定的pH值，防止魚被黴菌感染，紓解其壓迫感，進一步延長魚的壽命，另外一個很大的好處是，可們硬化角質層及鰓，以驅除體外寄生蟲。當腐植酸進入魚鰓的上皮細胞，它們有利於調節平衡滲透壓，因為它們減少以被動方式進入生物體的水量。我的礦物鹽，提供了蝦子所需要成功繁殖和代謝的許多菌種，拮

Ree Bee Mosura

抗細菌的廣泛建立可防止單一性致病細菌的蔓延。此外，我經常在水族箱的水中定期添加活性細菌。坊間可買到的活性細菌菌源，包含大範圍合適的各種細菌種，可溶解在少量的水中或與一把底土相混合。

Ree Bee Mosura

紅花頭水晶蝦

Caridina cf. cantonensis var. Ree Bee Mosura

CL：您的蝦都餵甚麼飼料？

RL：主要食物來源是蔬菜：大量的落葉、冷凍有機菠菜、乾蕁麻球、燙甜菜或各種白菜（我的蝦尤其喜歡尖白菜、中國白菜和蘿蔔白菜的葉子）。我曾經餵冷凍豐年蝦和甲殼動物，不過我懷疑冷凍的魚食可能含有渦蟲卵。我不用那些深受蝦子喜愛的顆粒飼料，投食時往往會導致

一大群蝦子爭食一塊飼料。如果你仔細觀察這些蝦，你可以看到它們確實在打鬥。特別是半成蝦似乎需要大量的蛋白質，我觀察過剛脫殼的幼蝦，在幾分鐘之內吃光。但是如果你餵顆粒更小的食物，你可以看到幼蝦抓起一塊，趕緊跑到安全的地方放心地食用。

您認為繁殖缸過濾器的重要性？

濾材應該具有儘可能大的表面積以提供許多空間來形成生物膜，它應該也可以自我清潔，即使生物膜死亡，它應該可以很容易從表面沖掉以防止堵塞。另一個因素是水流通過過濾器濾材的速度。如果水流速度太快，容易導致機械性的堵塞，如果流量太慢，因為沒有提供足夠的營養物質和氧氣，所以濾材的體積使用的效率不彰且生物膜數量也較低。有些過濾介質甚至可以減少無機氮化合物並將之轉化成氮分子（N_2）。這其中包括細孔過濾海綿，多孔岩石或燒結陶瓷。然而減少的化學過程無法從外部進行控制，可能產生有毒的物質例如硫化氫。另一個更好的選擇是有流量控制的特殊硝酸鹽過濾器可以適當監控硝化的過程。

使用哪種技術來實現生物過濾完全取決於你自己,可選擇的範圍相當大。另外一件涉及到過濾的重要事情是:防止幼蝦被吸進入過濾器,以避免牠們永遠消失不見。

CL: 您有特別留意蝦苗,或您如何照顧幼蝦?您常聽到許多養殖者會遇到把蝦苗養大的問題,蝦苗孵化後隨著成長而數量卻越來越少。

RL: 一般情況下,生物體在生命的開始週期免疫力曲線是非常低的,在成年達到高峰,老年期間則下降,因此我們必須提供年輕幼蝦特殊條件以阻止病原體接觸及進入。與魚不同,蝦往往更容易受到病原體的侵犯,因為牠們在不斷的接觸所有表面上的生物膜。與一般認知情形相反,細菌並不是漂浮在水中,科學證實99%在缸中的細菌均是在生物膜中被發現的。如果不巧其免疫系統

受到損害,通常是無害的細菌甚至也可能會造成幼蝦威脅。不利生物膜形成的底材,例如枯葉或含有豐富腐植酸的底土,很適合用在蝦缸。添加腐植酸製劑也可解決此問題,其腐植酸成分極易被吸附到所有的面,以防止生物膜的形成。

CL: 您遇過挫折嗎?如何因應?

RL: 大概有一年到一年半的時間,我發現不知何故,始終法提供給蝦子最佳的條件。我那時懷疑單一品系的菌繁衍成為病原菌。第一個影響是幼蝦死亡率的增加後來特別是抱卵雌蝦也開始死亡。在我缸中被發現的害細菌有,銅綠假單胞菌(*Pseudomonas aeruginosa*)溫和氣單胞菌(*Aeromonas sobria*)及親水產氣單胞(*Aeromonas hydrophila*)。這些樣的結果驅使我開

了混合的礦物鹽,可擴展其它菌種的產生,以提高拮抗能力。

我也不斷遇到渦蟲的問題。讓我最吃驚的是,如果缸中感染嚴重的渦蟲,幾乎沒有任何幼蝦可順利長成。我不認為這些蠕蟲會吃活的幼蝦,但不可爭議的是,它們的確造成傷害。不幸的是化學藥劑處理總會對缸中的蝸牛有不利的影響,且其活性成分在水缸中會積累,因為它們分解速度非常緩慢。濃度的增加會導致蝦體變形,在下次的蛻殼後似乎就會顯現。而且,用了這些藥物後,須要整缸翻缸清洗所有的水草和裝飾物。

你會注意缸中蝦子的數量嗎?極限為多少?

蝦的族群數應該較高,以維持其自然的社會結構。我觀察到繁殖率會因為種蝦的數量較大而變高。不過,我很早就把小蝦撈到個別的蝦缸飼養,因為我注意到半成蝦習慣捕食較小的夥伴。顯然,牠們需要更多的蛋白質,以至於變成同類相食。我從來沒見過成蝦會追逐小蝦。蝦口更多似乎也會增進攝食量,蝦子間互相爭食,變的很愛吃。

CL:想要養殖觀賞蝦,首要記住的事情是甚麼?

RL:前面我所列出的都至關重要,但是我還想表達一個道德觀念:在我看來,一般歐洲人心態顯示了極度的缺乏謙遜,人們不認為良好的養殖結果並不是憑空而來,而是經過嚴格挑選的結果。買了高品質有價值的蝦子後,就以為其子代也將擁有同樣的質量並且賣一樣的高價,而不認同選育的概念。即使高品質繁殖的品系,也只有一小部分的子代會與親代擁有相同顏色濃度和表現,有時你需要過濾數以千計的數量才能找到一隻圖樣符合理想的蝦子。在歐洲,很多人追求大規模的養殖,盡可能繁殖更多的蝦群,以賣得高價。有時,甚至以質量較低的蝦冒充新品種,忽略自己的疏失。保留野生種,沒做任何篩選,可能是大規模大量繁殖的藉口,然而,我們養在水族箱中的蝦子大多已不是其野生的模式。我們幾

Black Bee "Double Hinomaru"

雙日之丸黑水晶蝦

Caridina cf. cantonensis var. Black Bee – Double Hinomaru/No-Entry

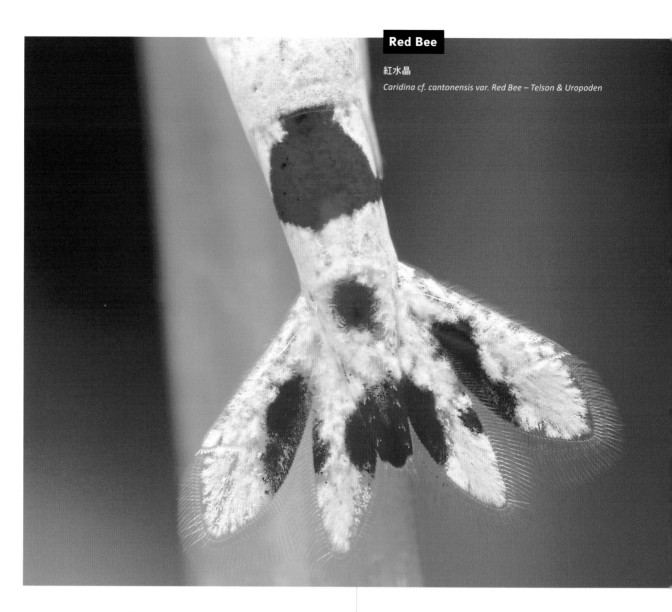

Red Bee

紅水晶

Caridina cf. cantonensis var. Red Bee – Telson & Uropoden

平完全保持育種，像其它競賽一樣，這是一個應該保存的重要文化財產。因此，我們致力於整理養殖標準，給一些繁殖者為了保存一些品系的指引及方向。如不按照這些標準而行---我個人認為---給予他們的蝦子一些好

聽的品系名稱，或以該名做宣傳，均不恰當。盆景文例子也許正說明了亞洲愛好者不同的做法：好的盆木經過代代相傳都有幾百歲的歷史。這種執著和讚在歐洲是很難學會的。

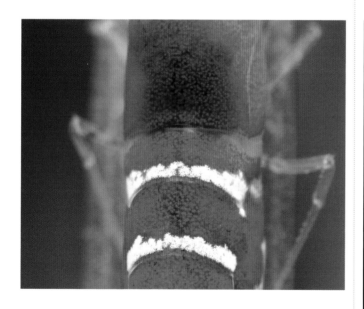

飼育者	Roland Lück
Email	lueck.roland@googlemail.com
年　齡	53
來　自	德國 Germany

蝦　種	金剛蝦：經典及斑紋型 水晶紅蝦 紅水晶蝦：純血（各等級） 黑水晶蝦：純血（各等級） 魔鬼蝦、藍蝦 玫瑰蝦：紅、黃、桔、黑、紅琉璃、黑琉璃、紫、白珍珠 虎紋蝦：深藍、亮藍、紅、橙、黑、金眼黑 蘇拉維西蝦：8種

飼養蝦	8 年

Black Ghost Bee - Banded

帶狀黑魔鬼水晶

*Caridina cf. cantonensis var. Black
Ghost Bee – Banded*

 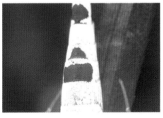

在我看來，一般歐洲人的心態
顯示了極度的缺乏謙遜，人們
不認同良好的養殖結果並不是
憑空而來，而是經過嚴格挑選
的結果

White Tiger

特寫 "白虎"

Monika Pöehler的主要繁殖目標之一，白頭並分佈黑或紅斑

One of Monika Pöehler's main goals in breeding is a white face and a dissolved head band

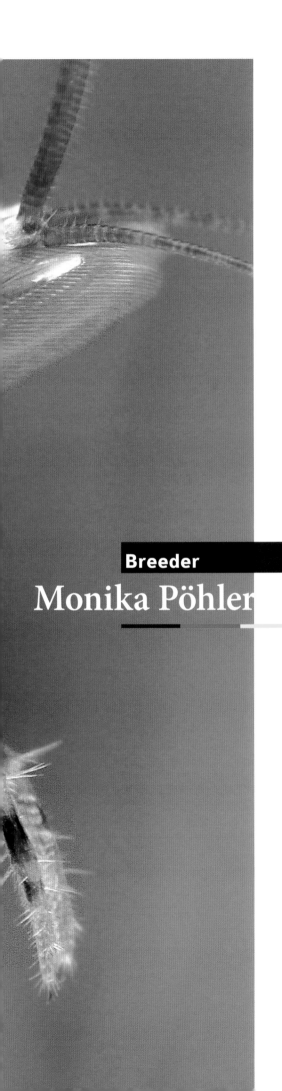

蝦的交響樂-在德國

Shrimphony

in Germany

Breeder

Monika Pöhler

CL：莫妮卡，你的虎紋蝦在亞洲及歐洲極具知名度，同時你也以雜交改良著稱。你可以告訴我們你是怎麼做的嗎？

MP：首先我要表達我真誠的感謝，原因是我個人及蝦的故事可以成為這本書的一部分，實備感榮幸！

一開始當我開始接觸水晶蝦養殖時，我完全被蝦的快速繁殖周期可所見的基因組合變化所吸引！很早我就注意到蝦不同色彩的變異具有很高的繁殖創作潛能。一想到能夠創造、揭露出一些前所未有的品種或色彩這就大大的激勵了我。因此，我很早就決定要往雜交創新的方向開始，而且是我一直專注的焦點。過去在繁殖上我有兩個目標，後來我決定開始要去固定我所做出雜交系統中我所認定的東西。

CL：你是如何做出這些色彩變異的蝦種？

MP：截至目前為止，在我缸內所有你見到的色彩變異品種都是源自廣東的蜜蜂蝦及虎紋蝦。

Black-and-white Tibee

黑白虎晶蝦
典型的虎紋與傳統水晶蝦的
顏色混搭在一起,具有色彩潛
能的蝦種,總是讓繁殖者心
跳加速!
*A shrimp with potential that
makes the breeder's heart
beat faster*

CL : "Midnight Princes"-午夜王子是如何創造出來的?

MP : 2008,我在德國的拍賣網站上得到了來自漢堡飼養者的虎紋蝦。這些蝦令人振奮地有著不同的色彩與型態(條紋),而且虎紋蝦的野生顯性基因完全表露無遺!具有不同的條紋色彩、橘、藍、及透明體色尚帶金(橘)眼(OE),而且其中一些看起來很像黑虎紋BT2-4。

這些蝦很強健且活躍,幾星期後它們開始繁殖,在子代中我發現了更具色彩變異的個體如黑虎紋BT1,金眼黑虎紋,均一性的金眼藍虎紋,具有白色斑塊的虎紋蝦及藍色條紋的虎紋蝦。

你可想像的,這些都振奮了繁殖者的心。當下我立上了帶淡藍眼柄藍-黑系列色彩的蝦種。這也決定了殖的標的之一,雖然我還沒有可以真正繁殖出這心的品種,但我已擁有一些尾柄是白扇尾的蝦了。在過我真正地去研讀了一些資料文獻有關於這些不同質(雜交)虎紋蝦的白色素及藍條紋色彩基因源頭究自何方?

答案是:黑虎紋是來自Kai Quante(最先的繁殖者深藍色彩虎紋蝦一起混養與雜交。

這些雜交所產生出的子代一部分被放在另一個缸

White Tiger

白虎紋
很難讓白虎紋蝦的圖樣穩定
It is really difficult to stabilize the pattern of the White Tigers.

這缸中也同時住有A級與B級的黑白水晶蝦。在這段期間，這些混養的蝦種定然有雜交的情況產生，我從這兩缸中得到雜交的子代並飼養在一起，然而我沒有發現任何新的東西，只是典型的虎紋蝦型態，因此我們沒有理由去質疑這些虎紋蝦是來自虎晶蝦（Tibee）。

白虎晶蝦的來源是來自藍虎紋與紅水晶蝦的雜交。在雜交過程中產生的子代我也用他們去回交一些色彩變異虎紋與水晶蝦，同時也與"Midnight Princes"-午夜王子反交。

同方向的，我在繁殖虎晶蝦時也使用類似的血緣，而且廣範圍的混交以避免近親交配所產生的問題。再從子代中去挑出與我想像契合的物種，然後繼續朝這方向繁殖、創作。

紅虎晶蝦的由來與上述提到的白虎晶蝦在細節上只有一點點的差異。我不是用顏色來區分。然而，水晶蝦的親代在這裡或許較強勢，因為他們的顏色有選育上的優勢。有時即使其虎紋沒那麼明顯，我還是傾向繁殖紅色系的虎晶蝦，這是我未來的工作…

黑白虎晶
在繁殖者手中來說，虎紋蝦的分佈是極廣泛的
Tigerbee shrimp are an interestingly wide field for a breeder

Black-and-white Tibee

CL： 您的蝦子中，有些藍色色調很顯著，是由藍金剛蝦或熊貓金剛蝦而來。您認為虎紋-水晶混種可產出藍帶金剛蝦嗎？

MP： 嗯，這是我個人的信念。

我觀察的結論令我堅信藍虎蝦在創作出藍帶蝦時起了一定的作用。與虎晶蝦繁殖有這麼多的相似之處，不能一切只視為偶然。

我們來看一個類似的例子，"金眼黑虎紋"（其中我們也看到了藍色的形式）。它的一些屬性和藍帶金剛蝦出眾

我觀察的結論令我堅信
藍虎蝦在創作出藍帶蝦
時起了一定的作用

"

Red-and-white Tibee

紅白虎晶 - 紅白爆竹

Red and white Dynamite

的特點是相同的：其身體有一個規則，包括額角和蜥
及尾扇尖都是全彩的。其顏色濃密並且有一定的深
常見的黑虎蝦具有黑眼睛，通常被歸類為BT1至5等
而一般的黑水晶蝦不具有這些特點。這兩種蝦如
做出黑眼的特徵-只能經過-漫長而勤奮的選育工作
反的，在顏色均勻的金眼黑虎蝦與藍帶蝦，這只是
色體的隱性遺傳。

如果考慮金眼虎紋蝦從來沒有出現任何白色的色
澱，但卻可以傳遞這一特點基因在它們和藍帶蝦之
尤其是可以得出的金剛變種，與某些午夜王子在外
案上並無什麼不同。

眾多公佈的繁殖結果顯示混交藍虎蝦 X 水晶蝦，
F2就可能出現類似金剛蝦的子代。我自己對於圖案
察和育種實驗也讓我確認此藍帶金剛蝦創作的理論

虎紋 X 水晶蝦的雜交，甚至可能或多或少在不被注
發生。在反交後，虎晶蝦可能在外觀上完全看起來
水晶，紅水晶蝦或白雪公主（又名金蝦），在接下
代，有可能子代完全沒有"虎紋"圖案。此外，在午
子，我描繪了類似的現象。它們的子代沒有典型的
蝦圖案，即使他們的親代絕對有水晶蝦加入。

Red-and-white Tibee

紅白虎晶

此蝦在2013年國際觀賞蝦競賽獲得Fluval創新獎

This shrimp made runner-up of the Fluval Innovation prize du-ring the International Shrimp Championship 2013

Red-and-white Tibee

紅白虎晶
不要只根據顏色來選擇種蝦群，一個近乎瘋狂的癖好對於成功繁
殖有著不可思議的重要性
Don't only choose your breeding stock according to the colors, a vital
habitus is of incredible importance for successful breeding.

說起的白雪公主蝦-現在幾乎是眾所皆知，這種顏色的
變種源由於虎紋蝦和水晶蝦之間的雜交。

在這種情況下，我也想建立一個理論，黑虎紋蝦的變種
也是這種混交的產物。我及其他育種者曾經觀察到純
種標準條紋寬度的虎紋蝦和純種的水晶蝦之間雜交的
F2子代，會產出條紋較寬的"黑"虎蝦。

第一次雜交很可能發生在一些批發商的混養缸裡，只是
沒有任何人注意到而已。

總體而言，不用真的去探究，現在我們的水族缸中的蝦
是否屬於蜜蜂蝦Caridina cf. cantonensis自發性的"突
變"，如果你詳細研究這個現象，它並不是一個問題-
除非它真的產生問題。

相反的，有興趣雜交黑虎蝦和白雪公主蝦的繁殖者應該
會因其特別容易而感到很快樂-你基本上是在雜交兩個
虎晶蝦的變種。

CL：您繁殖的目標為何？如何進行？將來在您蝦缸中會繁殖
出什麼蝦？

MP：你現在或許已經知道-我主要的目標是擁有虎紋及水晶
蝦顏色的蝦，以及帶有白色標記的藍黑虎紋蝦。

中期的目標，是培養健壯和活潑的品種。健壯和活力是
相互依存的。對於我來說，達成我的目標之育種的最大
挑戰是平衡性及維持度。

我很自豪的是，午夜王子已達到這些目標，現在這個變
種很強健而且均勻地調和其藍色和黑色的特質。

關於顏色和圖案-我仍然想嘗試達成一些真正驚心動魄
的願景，但是，除了我的抱負外，我必須去想蝦"想要"
什麼。

任何事情都是可能的假設，對於養蝦而言是不正確的。
然而，事實是和蝦一起可以共同創造出驚人的結果。

午夜王子
當混交水晶蝦時，不只會產生新圖案也會產出新顏色
When crossbreeding shrimp, you don't only get new patterns but also new colors.

Midnight Prince

午夜王子
強健的午夜王子是Monika Pöehler最喜歡的蝦種，它們隨著代代的繁殖，越來越吸引人
The robust Midnight Princes are Monika Pöehler's favorite shrimps. They get more attractive with each passing generation.

Midnight Prince

當混交水晶蝦時，不只會產生新圖案也會產出新顏色

您蝦缸中哪個圖案或顏色變異是最具潛力的？是白虎紋蝦嗎？

這取決於如何定義"潛力"。以健壯及活力及之後的發展性，午夜王子是排在最前頭的品系；白虎蝦更有潛力，但未來的發展還不明朗。

您繁殖缸的水質參數為何？多久換水一次？換水量多少？

我用稍微過濾過的雨水，其水質參數因此較低，如加入礦化鹽的話，pH為6.5~7.2，導電度為20~150。我依照蝦子的實際需要來換水，需要的準則是就其行為來判斷。

可以告訴我們您蝦缸鋪什麼底土嗎？您會常常翻新並清除淤泥嗎？

我喜歡在缸中先鋪一層約0.5~1.5cm的天然材質底砂，可能用標準的水族礫石或細砂。我通常還用Akadama（赤玉）底土及盆栽底土。然而我認為玩家們過度高估其功效。

我從未吸除淤泥，當缸子用了1.5到2年要翻新重置時，我會更新換掉全部底土或回收再使用。

您對照明的意見為何？您同意強光會影響蝦子體色的理論嗎？

我從未注意到此這個傳言中的影響。令我滿意的光強度，就是可以讓缸中水草長好。然而自然光線（或接近自然光線的照明）有益於蝦子的健康，這很合乎邏輯。

您水中有加入添加物嗎？礦物質，鹽類或水質穩定劑？

我試過許多添加物，我始終不認為它們有多重要。長期以來，我幾乎沒有定期使用這些添加物，我在兩個1000公升的大容器中收集雨水，注入缸前先粗略地預先過濾，再量測其導電度後不用添加物。冬季時，我在我的

蝦子具有令人難以置信高的遺傳性變異，但是，我們飼養者傾向將之弱化到單一性的圖案和顏色。

地窖放一個小的雨水儲存缸和一個陰陽離子交換器。然而我必須強調我所居住區域的空氣是相當乾淨的。

CL：您的蝦都餵甚麼飼料？

MP：我餵的很節制，看我當時手上有什麼飼料。如果我有昂貴的蝦飼料它們就吃蝦飼料，如果我有便宜的魚食它們也吃魚飼料。我也很喜歡用螺旋藻和小球藻粉來製作自己的飼料。2012年1月，我取得一罐Shrimp King飼料，我想至少可以持續餵到2015年。

有時我也餵豌豆、一塊菜葉或一些動物性蛋白質，但都非常少數量。我的蝦也喜歡吃野菜，如蕁麻、羊角芹或車前草，還有在我的蝦缸，我總會放一些褐色的喬木落葉。

CL：你會注意缸中蝦子的數量嗎？極限為多少？

MP：目前我還不用去擔心缸中蝦子的數量，因為蝦口都還沒過於龐大。將來我缸中蝦與水的比例大概是一隻蝦對上1~3公升或更多的水。

CL：您認為繁殖缸過濾器的重要性？

MP：過濾對我來說，在硝化系統上僅起次要作用，因為我的缸子種植很多水草且只容納數量相當少的蝦子。

不過對於飼養白虎紋蝦，我觀察到結合豐富的溶氧量和低於7的pH值子代會長的更好。因此我喜歡使用強力馬達驅動的過濾器，以製造更強的表面水流。但是黑虎蝦在氣動過濾器的水缸裡，表現的非常好，pH值約

White Tiger

白虎蝦
有經驗的繁殖者均了解此蝦極具潛力，不要錯以為是白雪公主蝦
An experienced breeder knows that this shrimp has the highest potential.
Don't make the mistake to confuse it with a Show White shrimp.

在7~7.5，缸中的水草並沒有長的很好，可是由於水流較弱，所以在水面長滿一層厚厚的浮萍遮住水箱的光線。

然而，即使在蝦量較大的的水箱，面積完全不足的過濾器加上不是最佳的pH值，一些白虎晶蝦的蝦仔還是順利長到成年。

CL： 您有特別留意蝦苗，或您如何照顧幼蝦？您常聽到許多養殖者會遇到把蝦苗養大的問題，蝦苗孵化後隨著成長而數量卻越來越少。

MP： 哦，是的，我非常關注蝦的子代。

然而我不會把它們單獨移到別缸，必須學會接受﹍干擾都會對水箱內的運作造成負面的影響。你必﹍待和觀望，即使有時真的很難。

子代死亡率增加的問題，現在對於白虎蝦的變種尤﹍重。我試圖找出根本原因，很長一段的時間（太長了﹍都將責任指向外在參數的改變，如食物、過濾、水﹍子、細菌及其它更多的因素。很詭異的是，這些措﹍時成功有時失敗。

我只能說依據我的經驗、我自己的品系，通過實驗和比較後發現，死亡率較高的原因在於蝦子自己，更精確的說是在於它們的親代。

蝦子具有令人難以置信高的遺傳變異。但是我們飼養者傾向把他弱化到單一性的圖案和顏色。今天我得出的結論是：我們也許忽略了簡單的改變遺傳基因對於存活力的負面影響，一直沒有警覺直到導致其子代死亡率的增加。

從一開始，一直聽說虎晶蝦有生殖能力上的問題–事實上我真的沒有因為不孕而遇到很大的問題。

黑白虎晶
典型的水晶蝦色彩結合典型的虎紋蝦條紋
typical Tiger stripes in combination with the typical colors of a Bee shrimp.

Black-and-white Tibee

Black-and-white Tibee

黑白虎晶
頭部點狀～花紋的虎晶普遍常見
"Spotted Heads" are quite common in Tibees.

Tibee

虎晶

虎晶繁殖的血統中也常常會出現類似雪白蝦的各種色彩變異體

Tibee breeding brings about shrimps similar to Snow White bees in many color variants.

白虎晶蝦的變種確實有不孕的跡象,但是總是有足夠多成熟的個體適合繁殖。抱卵的雌蝦,仍持續帶著它們的卵並進行孵化,隨著時間的推移並不像預測悲觀的一樣有顯著的變化。

然而有一個明顯的改變是在孵化後,其生存能力大幅度並且持續的下跌。

配對的實驗顯示,我已經在不知不覺中造成該品系的傳瓶頸,急需增加複雜度。

然而,在此時我有希望可以將這種遺傳弱化控制住是從Beate Enkirch處借助一些非常優秀的蝦。這是我下一個目標。

幼蝦死亡率增加，似乎是個相當廣泛的問題，主要集中在高度人工繁殖的蝦種，因此其他繁殖者也許也應該注意遺傳基因弱化的問題。

您遇過挫折嗎？如何因應？

從第一天開始，挫折就是繁殖蝦子的一部份一直伴隨著發生。

當然我在養蝦上遇過許多不同程度的挫敗，有一次差點就準備放棄其繁殖。尤其是去年，我於前面提到的失敗，把我逼到了極限，然而我也發現只有退一步後才能繼續前進，熱誠是有價值的。

想要養殖觀賞蝦，首要記住的事情是甚麼？

最終目標是做出在沒有高科技設備消毒的缸子也能活的蝦子，讓入門者用標準的水族箱設置也可以飼養。

我想問其他繁殖者：在怎樣的程度內，您願意與其它玩家交換蝦子來強化您蝦群的基因嗎？

最終目標是做出在沒有高科技設備消毒的缸中也可存活的蝦子， 讓入門者用標準的水族箱設置也可以享受飼養的樂趣

飼育者	Monika Pöhler
Email	m.poehler@shrimp-art.com
年　齡	41
來　自	德國，Schlangen
蝦　種	午夜王子、白虎紋蝦及其交叉混種、藍魔斯拉（白軀） Midnight Princes, White Tiger shrimp and crossbreeds thereof, Blue Mosura (new)
開始養蝦	2008

Sex Shrymbols

蝦的性感象徵

Breeder

Stev Kolditz

CL: Stev，您是德國知名的蝦玩家，因為您可能是德國第一位蘇拉維西彩虹蝦的繁殖者，您是如何做到的？

SK: 我不是在人工環境繁殖成功的第一人…在我之前已經有許多人繁殖過，然而幼蝦均沒有存活。我可能是養大幼蝦，並用子代繼續繁殖的第一人…我把人工的第二代稱為D1。剛開始對這些野生蝦，我遇到不少挫折，最先我選到孱弱甚至生病的蝦，而我也犯了一些錯，最後終於養大第一隻彩紅蝦仔。我在網路上找到許多資訊，我試著過濾且建立自己的概念，過程中我學到好的過濾器再加上細心的換水是步向成功的關鍵。此外有些蘇蝦需要非常緩慢的淡水注入，我自己只確認水質pH約8，導電度約220μ，我不會去量測其他參數。

CL： 您也是藍魔斯拉Mosura（白軀）的前幾位繁殖者，您可以告訴我們嗎？

是的，它們的出現是個巧合，本來我沒有注意藍體Mosura蝦，後來我嘗試去找是怎樣的組合會生出這些美麗的蝦子，所以我混交了不同的親蝦。當我將K14黑金剛蝦混合台灣水晶蝦後，得到第一隻藍帶金剛蝦，找到組合後我開始計畫性的繁殖，以強化身體的藍色。

CL： 您養殖紅水晶蝦多年，您挑選的準則為何？

SK： 我養殖紅水晶蝦有好一陣子了。我焦點放在白色部份-我想要一個或多或少無縫的白色表現。我並不是一開始就有高檔蝦，而是養一些從其他愛好者買來，沒有特別壯麗蝦子的子代，後來我開始計畫性的選擇親蝦-嘗試更多新的配對組合。今年我也開始改良蝦腳，著重於全肢的色彩，現在我正在選育具有最美麗顏色蝦腳的蝦。我的品系是擁有白腳的紅水晶蝦。在水族箱前面坐好幾個小時，也不知道要選擇哪對做為親蝦，真的不容易。不過我會以我的方式繼續從事這方面的工作，希望有一天能做出至少可以與亞洲蝦比美的蝦子。

CL： 您對你的櫻花蝦感到特別驕傲，請告訴我們您如何運作？

SK： 真的沒有太多可以說明的，我開始的蝦來自於從當地的寵物店。後來我開始喜歡上其子代的

深色色澤，我從Roland Lueck買入更多的櫻花蝦，計畫性的進行這兩個品系的繁殖。我只選擇及保留最好的親蝦及幼蝦，你必須不時淘汰一些不符合的蝦，因為那些蝦會危害並降低此品系的整體水準。

CL： 您繁殖缸的水質參數為何？多久換水一次？換水少？

SK： 大部分的水晶蝦，台灣金剛蝦及豹紋蝦缸，pH 5.5~6.3，KH 0~1，GH 4~5，導電度220~250μ。用RO水，加入Salty Shrimp重新礦化達到正確水質的藍水晶蝦及櫻花蝦以中硬度的自來水飼養。蘇拉西蝦用RO水，加上礦化鹽Salty Shrimp 7.5；其它包含所有的黃斑蝦變種、彩虹蝦及蔚藍米蝦（Caridina caerulea）水質為RO水加入Salty Shrimp 8.5。不管大小每週均換掉30%的水。

Sakura (Neocaridina davidi)

櫻花蝦
條紋狀的性感外觀
Sexy look in a striped gown.

Red Line Sakura

紅系櫻花蝦
蝦如其名
A Red Line Sakura – that deserves its name.

Red Line Sakura

紅系櫻花蝦

豹紋蝦

Stev 的豹紋蝦種之一

One of Stev's Leopard shrimps.

Caridina rubropunctata

CL：可以告訴我們您蝦缸鋪什麼底土嗎？您會常常翻新並清除淤泥嗎？

SK：目前為止，我使用過ADA的Amazonia II混合Amazonia Powder及Hirose Volcamia。這三種活性底土到現在都沒什麼問題，已經用了將近一年了，我也使用Borneo Wild Shrimp底土數個月了，我也很滿意其功效。

CL：您對照明的意見為何？您同意強光會影響蝦子體色的論嗎？

SK：我所有缸子均使用1200K色溫的照明。我承認我到現為止還沒想要變更燈光的光譜，不過我針對此主題覽過很多日本網站，我很好奇所以最近就會更加深究此議題。

您水中有加入添加物嗎？礦物質，鹽類或水質穩定劑？

我每次換水會加入一些 Benibachi 的 Active Water 及 Grow Enzyme 和 Salty Shrimp 礦物鹽。

您的蝦都餵甚麼飼料？

我只餵我自製的飼料，使用核桃葉、蕁麻、礦物粉、花粉、豐年蝦、螺旋藻粉末、綠唇貽貝粉和鈣化紅藻。混合所有這些食物，在研缽中研磨到糊狀，乾燥後並將之分解成小塊。在夏季和秋季，我還會加餵新鮮的蕁麻、蒲公英葉及繁縷。

您認為繁殖缸過濾器的重要性？您使用哪類過濾器？

我個人的意見是：你餵食蝦子的食物量越多，過濾器就必須越有效率。我有些缸幾乎沒餵什麼，只用很小的過濾器，甚至我有一個櫻花品系的蝦缸，裡面什麼設備也沒有，每週只餵食一次並換掉50%的水，如此並無任何負面影響，與有過濾的缸子在運作上沒什麼不同。

CL： 您遇過挫折嗎？如何因應？

SK： 當然遇過。在剛開始時，我在家庭裝修用品商店買了第一隻水晶紅蝦，那時候我不知道這些蝦喜歡軟水。第二天我很愉悅的又去抓了幾隻新的蝦-花了很多錢，結果很快都上了天堂。有了這兩次損失後，我開始在網路上，儘所能尋找此嗜好的資訊，我發現www.crystalred.de的網站相當有幫助，我學會了所有其他事情，例如換水頻率或以嘗試錯誤方式調整餵食。

我剛開始接觸蘇蝦時也經歷了嚴重的折損，因為野採的蝦子問題很多，我用與水晶蝦一樣的原理來換水，我很快就發現這樣並不妥，因為加入新鮮的水後數小時內，蝦子開始死亡。後來我發現野生的蝦子加新水的速度要很慢，然而，我的規則是從不放棄，我很快又從挫折中站穩腳步，重新開始。我今天可以很高興的說我從未放棄此項興趣，從一缸變兩缸、三缸、四缸，繼續下去。

Blue Shadow Mosura
藍體花頭
有人喜歡，有人卻不以為然…
You either like them or you don't …

從容易飼養的蝦種開始，
以建立其觀察力和經驗，
之後再去嘗試要求較高的
種類

"

Caridina wolteraecke

蘇拉維西彩虹蝦
我在蘇蝦上的最大成就…成功繁殖蘇拉維西彩虹蝦C. woltereckae
My greatest success with Sulawesi shrimp: the successful breeding of Caridina woltereckae

飼育者	Stev Kolditz
Email	stev.kolditz@web.de
年 齡	33
來 自	德國，Colbitz
蝦 種	台灣蝦：藍金剛、藍體 Mosura、金剛蝦、熊貓蝦 (藍及白底)、酒紅蝦、櫻花蝦、藍蜜蜂蝦、虎晶蝦、黑水晶蝦、彩虹蝦、*Caridina spinata*(黃斑蝦、黃鼻蝦)、豹蝦
開始養蝦	2009

蘇拉維西彩虹蝦
我在蘇蝦上的最大成就…成功繁殖蘇拉維西彩虹蝦C. woltereckae

PRL Red Bee

血紅水晶蝦… Kolditz品系
PRL Red Bee ... the Kolditz line

你會注意缸中蝦子的數量嗎?極限為多少?

在過濾系統很好的缸子,我認為你可以不用監控蝦子的數量,因此我不會注意。不過因為我進行很多選種的繁殖,所以缸中本來蝦子數量就不多。

想要養殖觀賞蝦,首要記住的事情是甚麼?

我認為最重要的是自己去發現自己的成功之路。不能簡單的複製別的繁殖者的參數,因為每個蝦系的反應都不同,因此個別的蝦缸參數只能當作參考。

我覺得很可惜,因為沒有任何一個紅及黑水晶蝦的品系是"德國製",太多飼育者及繁殖者把它們與台灣金剛蝦混種了。我繁殖紅水晶蝦品系已經三年,經過選擇性育種,或許有一天可以做出類似那些亞洲繁殖,相當成功的蝦。我也從事黑水晶蝦的繁殖,因為我認為現在德國沒有任何一隻黑水晶蝦足以冠上此名。另外,我在此再次重申–許多有志於蘇拉威西蝦的飼養者應該從容易飼養的蝦種開始,以建立其觀察力和經驗,之後再去嘗試要求較高的種類。

PRL Red Bee

還沒很完美, 但在正確的方向上
Not perfect yet, but it goes into the right direction.

Berried Blue Tiger OE

抱卵的金眼藍虎紋蝦

卵及游泳肢的特寫（腹足）

Detail of the eggs and the swimming legs (pleopods)

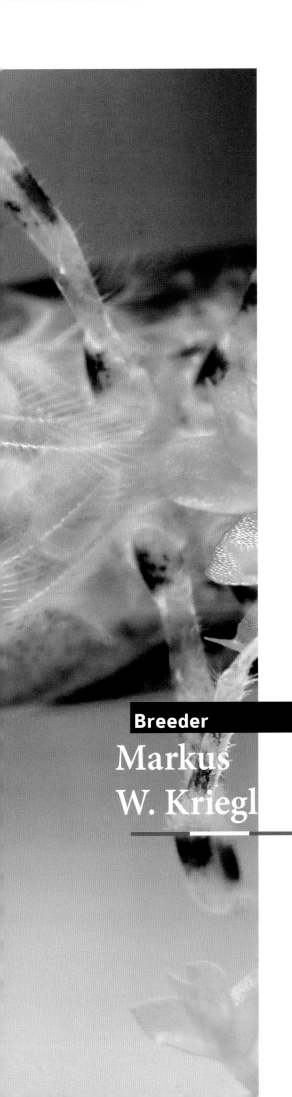

Breeder

Markus
W. Kriegl

壯觀的蝦蛋
EggSpectacular
Shrimps

CL：Markus，您是 "Austrian Shrimp Day" 及 "Austrian Shrimp Championship" 協會知名的會長，在奧地利也經營了一家網路蝦店，您是如何做到的？

MKW：不知怎麼的，就這樣發生了，我2002年在一個54L缸中開始養沼蝦，2009年我進行第一個 "Shrimp Day" 及 "Austrian Shrimp Championship" 的組織。另外，在2012年，我們舉辦協會的第四次活動。我嘗試用網路商店Gamelenbaron來募集此嗜好的基金。

CL：購買蝦子時，最重要的有哪些事情？

MKW：確認你選購的蝦子健康活潑而且體長不能少於1.5cm（0.6吋）。

CL：目前流行哪些種類的蝦？

MKW：Neocaridina種類的蝦一直很常見，因為可容忍水質的範圍非常大，所以很適合養蝦的初學者。另一個趨勢是各種樣式及變異的金剛蝦（台灣水晶蝦），以及虎紋蝦及水晶蝦的混種。我們期待未來可看到更美麗的觀賞蝦。

CL：您選擇育種的標準為何？

MKW：以水晶蝦而言，我會挑級數高且白色濃厚的
　　　　子，Neocardina蝦的話，我會選擇顏色深而且綻
　　　　個體。

CL：您繁殖缸的水質參數為何？多久換水一次？換水
　　　少？

MWK：我的Neocardina蝦缸直接用Linz當地的自來水
　　　　度有點高，GH 17° dH。Caridina種類則用添加
　　　　物質的RO水，導電度約250-300µS。理想狀況下
　　　　兩星期換掉10~15%的水。

典型的虎紋，可明顯的看見抱卵

The eggs are well visible through the typical tiger pattern.

：可以告訴我們您蝦缸鋪什麼底土嗎？您會常常翻新並清除淤泥嗎？

VK：依照蝦的品種我會選用活性底土（黑土）或一般的底砂。底土會換新，並以虹吸方式抽除淤泥。

：您對照明的意見為何？您同意強光會影響蝦子體色的理論嗎？

VK：我認為會影響，但我從沒做過此類測試。對於我來說，聽起來似乎蠻合理的，蝦發展更密集的色素沉積有助於更好地發色。

橘櫻花蝦的尾扇（尾肢）
Tail fan (uropods) of an Orange Sakura.

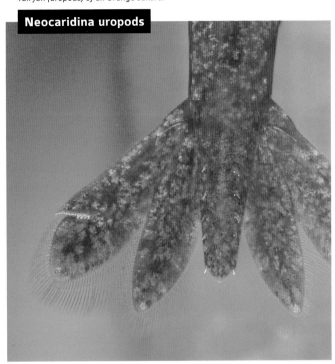

Neocaridina uropods

Orange Sakura

橘櫻花（Neocaridina davidi）除了紅色與黃色外的另一種顏色變異
Another color variant of Neocaridina davidi, besides the red and yellow forms.

花頭白軀的紅水晶蝦（Mosura）
A Red Bee shrimp with a Mosura pattern

Red Bee

Black Bee

黑水晶蝦
三斑的黑水晶蝦,在胸甲上顏色稍差
Three-banded Black Bee shrimp with slightly faulty color intensity on the carapa

Red Sakura

紅櫻花蝦
玫瑰蝦(Neocaridina davidi)的深紅色顏色變異
The intensively red colored variant of Neocaridina davidi.

CL: 您水中有加入添加物嗎?礦物質,鹽類或水質穩定劑

MWK: 是的,我使用Tetra Vital來提供碘及維生素,水缸還時常添加Shirakura礦物石。

CL: 您的蝦都餵甚麼飼料?

MWK: 這些尊貴的蝦子以Shrimp King(蝦飼料商品名為主要食物,此外我以櫸木、橡木、印度杏仁等作為其零食,我也餵自己準備的乾燥南瓜。

CL: 您認為繁殖缸過濾器的重要性?

MWK: 過濾器非常重要,因為蝦子需要乾淨的水。我氣舉式過濾器,同時也增加氧溶量。

CL: 您有特別留意蝦苗,或您如何照顧幼蝦?您常聽到養殖者會遇到把蝦苗養大的問題,蝦苗孵化後隨長而數量卻越來越少?

MWK: 在有小蝦的缸裡,我餵粉狀飼料。我認為這有蝦苗攝取及成長。

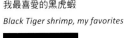

：您遇過挫折嗎？如何因應？

MK：很不幸，我遇過。我在54公升的缸子裡使用海綿過濾器，運行很長一段時間狀況都很好。但有一次堵塞了，我發現時已經太晚。幾個小時就釀成災害。

你會注意缸中蝦子的數量嗎？極限為多少？

MK：有時候，我覺得我放的數量不夠多。有時為了篩選而減少它們的數量，整個蝦群被嚴重干擾，甚至完全停止繁殖。尤其在藍／白型*Neocaridina palmata*及*Caridina* cf. *cantonensis* "Tiger"蝦上會有這個狀況發生。

：想要養殖觀賞蝦，首要記住的事情是甚麼？

MK：有時，少就是多！我們常常對缸子投入太多的關心，今天在角落放個墨絲球，隔天又在另一旁鋪一層墨絲片；如果我們的公寓整天在重新裝潢，我們也不會有興致，對嗎？

> 有時，多做多錯。
> 我們常常對缸子投入太
> 多的關心，今天在角落
> 放個墨絲球，隔天又在
> 另一旁鋪一層墨絲片

飼育者	Markus W. Kriegl
Email	markus.krieegl@googlemail.com
年　齡	35
來　自	奧地利，Linz
蝦　種	極火、黃火、橘櫻花、紅櫻花、白珍珠、紅琉璃、紅及黑水晶、金眼藍虎紋、橘尾虎紋、*Caridina babaulti* "Malaya"，藍水晶蝦…
開始養蝦	2002

Panda Bee

熊貓蝦

挑選高等級的水晶蝦來混交是提升台灣蝦等級最好的方式

The best way to increase the grade in Taiwan Bees is mixing then with high - grade Crystals.

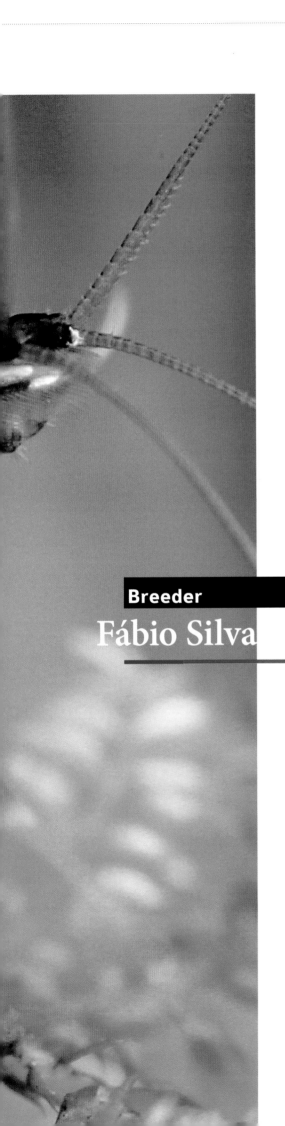

蝦狂
Shrimp-
mania

Breeder
Fábio Silva

CL: Fabio，您是葡萄牙最成功的水晶蝦繁殖者之一。前陣子，我們討論過溫度可能會影響蝦子的性別。您有什麼發現嗎？

FS: 在葡萄牙冬季和夏季之間的溫度變化相當大，我注意到了有幾年，在夏天我的蝦生出較多的公蝦，而在冬季溫度較低時，雌蝦的比例較高。

因此，我推斷較低的氣溫將會影響蝦子性別的發展，因為在冬天，我的雌蝦的產量高達70%。然而要實現更高的比例，傳聞一些亞洲的養殖者是使用雌性激素，讓母蝦體型更大色彩更加豐富。

CL: 您會隔離蝦隻嗎？當蝦子遇到問題時如何治療？如何避免疾病相關的問題？

FS: 是的，當我們購買新蝦，尤其是從其他國家進口時，蝦的檢疫工作是最基本的。我們應該讓新的蝦子在獨立的隔離缸中適應新環境，因為牠們會帶著新的細菌，或許它們已經有免疫力，但卻會

Panda Bee

熊貓蝦
台灣水晶蝦的顏色樣式與傳統水晶蝦有些不同，令人好奇
It is curious that the color pattern of Taiwan Bees is a little different from Crystal shrimp

感染對這些細菌沒有任何防禦能力的舊蝦。這就是為什麼我建議在選種的繁殖水族箱中與隔離缸交換幾毫升的水，這可讓兩邊的蝦同時建立起防禦系統。為了避免疾病的出現，必須要有良好的水、良好的過濾系統和的合適的水質參數。因為這些參數的突然變化可能導致疾病攻擊這些本來就脆弱的蝦子。對於已得病的蝦，即使沒有新的細菌存在，其環境的突然變化，會使其更加脆弱並更容易受到感染。

如果發生任何污染，有許多跡象可以幫助找出問題所在。觀察其一般行為是檢查點之一，當所有的參數都是正確的，蝦群應是活躍的，可正常進食並順利繁殖。當大部分的蝦一動都不動、精神萎靡，這是一個跡象，一定有地方出錯了。另一個麻煩的跡象是，如果他們在餵食的時間對飼料持續不感興趣呈現蒼白的顏色，身體發白或出現白色結節。

Panda Bee

熊貓蝦
台灣水晶蝦頭部沒有麻呂的圖案，讓我們來推測
並沒有來自虎紋蝦的基因
There are no Maro Ten on Taiwan Bee heads, w
leads me to think that some of the genes involve
not come from Caridina cf. cantonensis.

您如何治療蝦子呢？

藥物的治療應該總是最後的選項，我喜歡使用天然的抗菌產品，如欖仁葉、毬果和小片的沙柳木做一些疾病的預防。然而當圈養的蝦子生病時，我們可以使用常用的抗生素，像氯黴素（Cloramphenicol）或呋喃那斯（Nifurpirinol）。

使用像氯黴素（Cloramphenicol）時，每公升水劑量為0.75克，一周後換掉70％的水。重複再治療一個星期，並在療程結束前放些活性炭濾材，移除殘餘的藥物。對於寄生蟲應該使用氟苯達唑（Flubendazole），每50公升的水加入0.1克，治療一個星期換掉70％的水。重複治療一次，並且最後使用活性炭過濾。

我注意到有幾年，在夏天，我的蝦生出較多的公蝦，而在冬季溫度較低時，雌蝦的比例較高

Panda Bee

熊貓蝦
要加強藍色色調可與藍帶蝦混交，然而如果要維持濃厚的純白，不要讓它們雜交
To intensify the blue color you best crossbreed with Blue Bolt, however, if you want solid white, don't mix them!

虎晶F1
對我而言虎晶是新的趨勢
For me Tibees are the future for new patterns of Caridina cf. cantonensis.

SSS級皇冠水晶
即使從皇冠白軀的基因上，我們還是可以得到水晶紅蝦的系統
Even with genes from Golden Bees we can get beautiful Crystal Red shrimp.

Tibee F1

Crystal Red SSS crown head

CL：您對蝦飼料很挑剔，為何？您認為哪些食品含量最適合蝦子？

FS：對我而言，食物種類和水質參數是一樣重要的。為了讓蝦子正常發育，它需要豐富的蔬菜、植物、藻類、蛋白質等營養。樹葉和木頭也可是牠們飼料的一部分，因為在它們的自然棲息地，蝦子已習慣這類的食物。腐爛的落葉是特別重要的，因為它們可提供蝦苗養份。

CL：您認為各類食物對蝦子的影響為何？

FS：富含蛋白質的食物是很重要的，因為雌蝦需要蛋白質來發育其卵巢中的蝦卵。如果少了蛋白質，發育過程會很緩慢。礦物質也是不可或缺的，因為用來強化蝦殼。植物是最大的維生素來源，所以我時常餵它們水煮菠菜或蕁麻（含豐富的鈣）、桑葉和豌豆。

CL：您繁殖的目標有哪些？您理想的蝦為何？

FS：隨著養殖持續進行，我的主要目標是提高的幼蝦_率，因為可從一個更大蝦群中，挑到最好的圖案_色，並以這種人為篩選方式來育種。眼下我理想的_擁有強烈的色彩及不同的圖案，例如新的藍體黑金_等變異種。

CL：您繁殖缸的水質參數為何？多久換水一次？換水_少？

FS：水質參數由蝦種來決定。*Caridina*蝦，pH 5.5~6.5，_度150；*Neocaridina*蝦，我會將水質控制在pH6.8~7_導電度300。我會依照量測出的水質參數及過濾系_換水，理想狀況是每周更換10%的水。

可以告訴我們您蝦缸鋪什麼底土嗎？您會常常翻新並清除淤泥嗎？

我依照蝦類選擇不同的底土。以*Caridina*來說，我使用活性底土，例如 "ADA Amazonia" 或 "Akadama Double Red Line"，有助於水質平衡。當底土失效時就會換新土。*Neocaridina*，我會使用中性底材，如玄武岩。正常狀況下，我不會清理底土淤泥以免破壞平衡。

CL：您對照明的意見為何？您同意強光會影響蝦子體色的理論嗎？

FS：如果在晚上觀察蝦子的顏色相對較蒼白。但燈一打開，又會回復原來的顏色。照明對於色彩的濃度是很重要的，因為它影響的色素細胞反射和吸收光線的方式。蝦缸照明至少要八個小時。我試過不同範圍的燈管，我認為色溫在6500K到10000K最合適。

Extreme King Kong Single Stripe

超級金剛蝦 一索型

Crystal Black SS Double Hinomaru

SS級雙日之丸黑水晶
這隻蝦有台灣水晶的基因，若是用它來雜交虎晶，則可得到級數較高的熊貓蝦
This shrimp has Taiwan Bee genes. If we crossbreed it with a Tibee, we'll get higher Panda grades.

CL: 您水中有加入添加物嗎？礦物質、鹽類或水質穩定劑？

FS: 當然，水必須適當的和礦物質調合，才能達到所需的水質參數。應該使用逆滲透純水根據參數補充礦物質來調整，但是這一切都取決於所用的自來水。如果想增加總硬度（GH），應該以3比1的比例添加鈣/鎂。如果需要提高碳酸鹽硬度（KH），應該使用以碳酸鹽和碳酸氫鹽為基質的產品。水質穩定劑也是重要的，因為蝦子無法容忍重金屬或氯。

CL: 您認為繁殖缸過濾器的重要性？您使用哪類過濾器

FS: 過濾系統是魚缸的心臟，化學平衡完全依賴它。我認完美的過濾應該由三種過濾器所組合：附有多種生材的外置式（圓桶）過濾器，底部過濾及氣動式海綿濾器。植入浮水性水草也很重要，因為它們對淨化水提供了關鍵的協助。過濾器應定期清理。

您有特別留意蝦苗，或您如何照顧幼蝦？您常聽到許多養殖者會遇到把蝦苗養大的問題，蝦苗孵化後隨著成長而數量卻越來越少。

是的，我很注意蝦苗的狀況，因為蝦群的穩定乃維繫於新生蝦子的存活數。

有兩個要點：水質參數的穩定及適當的餵食。換水時維持水的穩定非常重要，不可有急遽變動，否則會造成幼蝦大量的死亡。小蝦成長過程必須經歷多次換殼，如果沒有適量的礦物質，成長會有問題甚至死亡。食物對他們在頭幾個月的健康成長也是不可或缺的，在此我推薦幼蝦飼料和乾燥的樹葉及水果（橡木、胡桃木、芭蕉樹、毬果）。

良好的基因也很重要，由於快速的選育，一些蝦種有不良的遺傳基因，因此生存率有時也決定於其上一代。

> 觀察其一般行為是檢查重點之一，當所有的參數都是正確的，蝦群應是活躍的，可正常進食，並順利繁殖

Black Tiger Orange Eyes
金眼黑水晶蝦
是虎紋蝦中最漂亮的蝦種之一
One of the most beautiful Caridina cf. cantonensis.

Babaulti Stripes

條紋綠米蝦

我繁殖此蝦許多年了，它們容易飼養且擁有美麗的圖案

I have been breeding them for several years, they are easy to keep and have beautiful patterns.

飼育者	Fábio Silva
Email	flashsilva@hotmail.com
年　齡	29
來　自	葡萄牙，Portugal
蝦　種	水晶蝦：各等級紅水晶、黑水晶、金蝦、白全蝦、台灣金剛蝦、斑紋虎晶蝦、黑虎紋、蜜蜂蝦、綠米蝦 玫瑰蝦：各種顏色變異種、藍絲絨、白珍珠蝦 藍水晶蝦
開始養蝦	2005

您遇過挫折嗎？如何因應？

當然，每個繁殖者都有低潮的時刻，但是這是過程的一部分。要取得成功必須從錯誤中吸取教訓，並了解它是如何運作的。

大多數人飼養蝦時，會用對待魚的方式來對蝦，但他們的生長方式完全不同。當個問題出現，蝦死了，第一件事就是要檢查所有的水質參數。如果發現什麼是失控，我們首先必須先換水，然後設法改善這種情況。對蝦而言，只要飼育方式嚴謹就不會有失敗。

你會注意缸中蝦子的數量嗎？極限為多少？

是的，我會經常留意繁殖缸中蝦子的數量。如果蝦群過於龐大，會因為缺乏食物及水質劣化而影響蝦子的繁殖及成長。

對60公升的蝦缸來說，超過200隻就會開始產生問題。理想的蝦群數量為50隻成蝦。雖然高密度養殖也是可行的，但必需有相當的養殖經驗，因為水質需要維持在完美狀況，且餵食要規律不能過量。

想要養殖觀賞蝦，首要記住的事情是甚麼？

首要留心的是均衡的營養，水缸各方面的均衡是要素，水不能太乾淨，也不能過度污染。過濾要有效，應定期養護且對自來水做適當的處理。食物應多種多樣，且有良好的品質。最後，你需要投入大量的耐心和精神，匆忙是完美的敵人。

K14 Smiley

此品系的蝦具有漂亮的圖案，鮮明的邊緣對比。
而白色部分，幾乎整體都非常好。

Shrimp
Swissi-
fication

瑞士風的蝦

Breeder

Andy
Deppeler

CL: Andy，您在義大利舉行的國際觀賞蝦比賽中，以超水晶紅蝦（SCR）得到展會最優獎（"Best of Show"），這蝦種是屬於某個特殊品系，或是您自己篩選培植出來的？

AD: 這蝦種屬於科隆（Cologne）品系，我自己從這品種的蝦培育出此冠軍蝦。

CL: 您如何挑選SCR的圖案？您主要的重點為何？

AD: 就SCR，我會挑選頭部及尾扇僅有少數白斑的種蝦。我自己都暱稱這些蝦為"Santas"，因為他們看起來很像穿著白絨絨衣領的聖誕裝。

CL: 您的 K14 Smilies 蝦展現出很棒的圖樣及濃白色澤。也可以跟我們談談嗎？

AD: 很不幸，我無法告知此蝦的來處，因為不記得了。我只知道這些蝦的種源來自德國，他們擁有非常出色的濃白特徵，我也是針對此特點來培殖此蝦。

CL：在未來您的蝦缸中可能會繁殖哪些蝦？

AD：可能會有相當多不同的蝦種。我本身除了養殖蝦子外，我也開店販賣，所以對我而言，容易上手的蝦及特殊品種的蝦都很重要。另外雜交的實驗也正在進行，希望可以培育出新的變異蝦種，還有其他品系如SCR及虎紋水晶蝦。

CL：您缸中哪些蝦子的圖案或顏色變異是最有發展潛力的？

AD：目前我認為是贏得冠軍的超水晶紅蝦。

CL：您繁殖缸的水質參數為何？多久換水一次？換水量多少？

AD：導電度200~300μS（因種類而異）

　　pH值：6.3-7.5（因種類而異）

　　溫度：22-25℃（71.6 to 77 ℉）

　　換水：每星期換約1/3的水，100%採用添加礦物質的RO水

超水晶紅蝦SCR歐洲冠軍

SCR European Champion

2012歐洲蝦大賽冠軍
我特意挑選這些具有白額角和白尾扇斑的蝦。漂亮的品系，顏色穩定。其後代帶著均勻的橙色。牠們對我來說並不容易繁殖。不過，我已經能夠誘使牠們交配抱卵。

SCR "Santa Claus"

超水晶紅蝦SCR - 聖誕老人

可以告訴我們您蝦缸鋪什麼底土嗎?您會常常翻新並清除淤泥嗎?

在水晶蝦缸我使用Shirakura水晶蝦土作為底土。過濾系統採底板過濾加上隔離過濾墊。我到目前為止從來沒有抽過淤渣。最久蝦缸的水晶蝦土(即活化土)已經運行三年多,我從來沒有更換底砂或抽走淤泥。

蘇拉威西的cardinal蝦缸則是鋪含有石灰質的細粒天然砂礫,在其他蝦種的水缸裡,我使用天然砂或石英砂/石。

我從來沒有吸走任何水缸的淤泥,我認為這是多餘的。我認為以下是很重要的:放入馬來亞捲螺(Malayan trumpet snails)和其他螺類。他們幫忙將吃剩的食物轉換成肥料,讓我不需要再對缸中的植物施肥。要求較低的水草在這些條件下長的非常好。此外,馬來亞捲螺可保持底土鬆動並維持水良好的流動性。

Orange Fire
香吉士

Orange Fire
香吉士

我不會特意區別飼養和繁殖缸，我所有的水族箱幾乎都採用相同的過濾方式，結合底部和隔離墊過濾器

CL：您水中有加入添加物嗎？礦物質，鹽類或水質穩定劑？

AD：是的，因為我用RO逆滲透水，再根據蝦缸的需求加入礦物質。首先我存儲循環RO水2～3天，使用UVC紫外線燈消毒，然後依照不同的蝦種混合礦物蝦鹽GH+或蘇拉威西7.5（產品名）。此外我每缸均會補充蒙脫石/粘土礦物。在用水之前我加入某種成分，但是我想保留這個育種的秘密。

CL：您的蝦都餵甚麼飼料？

AD：我給蝦非常多樣化的食物，大部分是植物纖維，例如木、欅木、蓽麻、核桃等的葉子及各種蔬菜。標準自食，我準備涵蓋了蝦隻所需要的食品混合物（粉狀此混合物除了其他養分外還含有其他的蛋白質，及藻類。

CL：您認為繁殖缸過濾器的重要性？

AD：我認為過濾是我的蝦缸最主要的重點之一。加上述組合的水草和螺類，良好的過濾系統建立了均代謝循環。三個要素提供了良好的水質：過濾器、多樣性（螺和蝦）及換水。我不會特意區別飼養和繁缸，我所有的水族箱幾乎都採用相同的過濾方式，底部和隔離墊過濾器。

K14 Smiley

這些蝦來源：未知。
我從少數的個體開始，建立這個品系。

一天後，我在幾個水箱測得的pH值約為5，我的蝦當時損失非常嚴重。因此當使用腐植酸（humins）或降低pH調節產品時，要分常注意其劑量。

我的整個蝦群在2009年，我們搬家期間和之後，再次遇到很大的折損。由於新所在地的水值參數與舊處所差異很大，而且一些專用設備在搬家後的極度混亂下，尚未正常運作，讓我不得不面對這些損失，尤其是一些品系，完全停止繁殖。還好幾個月後情況終於好轉，我沒有讓自己洩氣且堅持繼續走下去。

CL：你會注意缸中蝦子的數量嗎？極限為多少？

AD：我利用選擇性育種和販售蝦隻以降低蝦子的數量。然而我認為一個缸中蝦子數量多，其運作往往優於一個數量少的蝦缸。當然如果讓蝦毫無控制地自行繁衍，問題可能會隨之發生。如果蝦的數量不太高，選擇性育種會較容易，因為可一窺整缸的全貌。

CL：想要養殖觀賞蝦，首要記住的事情是甚麼？

AD：有許多與繁殖至關的重要的因素。不幸的是它們大多是不可見且不可測的。在多數情況下，繁殖的問題常是因為幾個較小的問題所造成。在我看來，密切關注其生態及所提供的食物多樣性是非常重要的。另一個要牢記的重點是健康，健壯的種蝦可繁殖出令人讚賞的幼蝦數量。

飼育者　　Andy Deppeler

年　齡　　27

來　自　　瑞士，Lengnau AG

蝦　種　　紅色火焰 / 紅櫻桃、白珍珠、黃焰、Neocaridina davidi、橙櫻花、櫻花、藍珍珠、黑火燄、紅琉璃、藍琉璃、紅水晶、黑水晶、熊貓、紅寶石、超級水晶紅、藍虎蝦、紅虎蝦、橘虎蝦、黑虎蝦、虎蝦、淡水 Cardinal 蝦、紅爪蝦、藍墨西哥蝦、大黃蜂蝦

開始養蝦　2006

您有特別留意蝦苗，或您如何照顧幼蝦？您常聽到許多養殖者會遇到把蝦苗養大的問題，蝦苗孵化後隨著成長而數量卻越來越少。

我不會把幼蝦移出繁殖缸，除非它們被出售或為了進一步的育種做選擇。我曾經試過把幼蝦分開飼養，以提高其存活率，然而差別並不大，所以我不再這樣做。我認為合適的食物，低密度的壞菌和理想的水質參數是更重要的。如果這些重點都有做到，相信可以養出一大群的幼蝦。

您遇過挫折嗎？如何因應？

我確實經歷了挫折。有一次，我在許多以蝦土作為基底的水族箱用了過量的黑檀木及杏仁葉。由於這些蝦缸的碳酸鹽硬度原本就相當低，所以pH值急劇的下降。

黑虎紋
在我架上的缸中的黑珍珠蝦。是隻非常漂亮，很少見到的個體。

Black Tiger

Blue Bolt

藍金剛

Scampi al Gennaro

Gennaro的蝦

Breeder

Gennaro Lamba

CL: Gennaro，我第一次聽到您名字是有人給我看了一段影片，內容是您蝦缸中多的令人咋舌的蝦子數量。那種數量是有利於繁殖或有其它原因？

GL: 沒什麼特別的原因，我只是把從篩選缸中的蝦放到一個300公升的缸中存放。現在蝦的數量已經沒那麼多了，那段影片拍攝時剛好蝦產量非常多。然而即使水缸很大，容納了大量的蝦子也不是一件好事，因為很容易出問題。

CL: 您繁殖的標的為何？

GL: 我的目標是選擇優秀且漂亮的蝦子，希望可達到日本水準。

CL: 您蝦缸中哪些顏色或品系的變異是最具發展潛力的？

GL: 我之前只繁殖各種類的紅水晶蝦，現在我許多蝦缸裡都是台灣水晶蝦，目前數量也是最多的。

Blue Bolt

藍金剛

CL：您繁殖缸的水質參數為何？多久換水一次？換水量多少？

GL：繁殖缸導電度為350μs（pH 6.5，GH 5，KH 1）。只有日本水晶蝦的導電度較低，為200μs。每星期換水15%。

CL：可以告訴我們您蝦缸鋪什麼底土嗎？您會常常翻新並清除淤泥嗎？

GL：我使用ADA Amazonia底土，這是我認為最適合用來繁殖水晶蝦的產品。我會依照繁殖的情形，約兩年把底土換新。我從未清理淤渣因為我認為淤泥有利於小蝦的成長。

CL：您對照明的意見為何？您同意強光會影響蝦子體色的論嗎？

GL：我不同意這個論點。我只用6500K色溫的燈管，亮般。蝦子並不喜歡強光，6500K適合蝦子的顏色及質。

CL：您水中有加入添加物嗎？礦物質，鹽類或水質穩定劑

GL：我只使用RO水並混合細鹽、維他命及蒙托石。沒穩劑。

您的蝦都餵甚麼飼料？

只餵知名品牌的蝦飼料如Shirakura、Dennerle、Gen-chem等，有時還會投食一些無毒的蔬菜。

您認為繁殖缸過濾器的重要性？您使用哪類過濾器？

過濾是個重點，好的過濾系統是養蝦的根本。因此我所有蝦缸均選擇外置式（圓桶）過濾器再加上氣動式海綿過濾。

CL : 您有特別留意蝦苗，或您如何照顧幼蝦？您常聽到許多養殖者會遇到把蝦苗養大的問題，蝦苗孵化後隨著成長而數量卻越來越少。

GL : 對於養活幼蝦，我沒遇到太大的問題，為了存活率蝦缸必須穩定並充滿微生物來做為他們出生後的幾天內的食物，頭幾天對幼蝦最重要，如無法攝取適當的營養就可能餓死。剛出生時無法向成蝦一樣吃大型顆粒飼料。水質對牠們來說當然也很重要。

Red Ruby

紅寶石蝦
擁有夢幻般色彩的紅寶石蝦
Red Ruby with a Lightshower coloration.

Black Bee Grade SSS

SSS級黑水晶蝦
歐洲標準：K14黑水晶蝦
Black Bee Grade SSS is Black Bee K14 in terms of the European standard

您會隔離蝦隻嗎？當蝦子遇到問題時如何治療？如何避免疾病相關的問題？

我很不願意在原來缸內放入新蝦，因為有傳播疾病的風險。如果買了新的蝦子會先單獨飼養，狀況穩定後才會與舊蝦混養。因為我很用心照顧這些蝦缸，所以沒遇過嚴重的疾病問題。

您遇過挫折嗎？如何因應？

有時一些很舊的缸子可能出問題，但當我意識到有風險時我就會馬上重新設置缸子。我曾經因為蝦子數量過多而遭遇細菌疾病問題，我馬上使用抗菌藥物，並注意水質，所以很快解決問題，沒有折損太多。

飼育者	Gennaro Lamba
Email	g.lamba@alice.it
年　齡	54
來　自	義大利，Campania, Salerno

想要養殖觀賞蝦，首要記住的事情是甚麼？

首先你需要熱情，否則無法成功養殖蝦子；其次你需要設立具備各種完善設施的蝦缸。蝦是敏感細膩的生物，必須妥善對待。你應該事先明白這些事情，不要胡思亂想，才會有一個好的開始。

Red Wine Shrimp

酒紅蝦

Shrimp-tastic

奇妙的蝦

Breeder

Michel Botden

CL：Michel，您在荷蘭是知名的觀賞蝦繁殖者也已經
贏得許多獎項，您是如何開始的？

MB：我從2006年開始養蝦，當時我買了一個魚與造
景等都弄好的二手缸。我在網路上得知，水族缸
裡也可養蝦，於是就買了一些極火蝦，從那一刻
起我就著迷了。兩個月後增加到六缸，飼養水晶
紅蝦，水晶蝦及既有的極火蝦。2009年荷蘭舉
辦了第一次觀賞蝦競賽，我贏得了首獎。獲獎並
不是我養蝦的目的，但很值得去參賽是因為可
遇到許多狂熱的同好。

CL：您繁殖的目標為何？理想中的蝦是什麼？

MB：我最喜歡的是台灣水晶蝦，酒紅及熊貓金剛蝦。
酒紅水晶蝦要真紅（不是紅棕色），色塊線條要
分明；熊貓金剛蝦要純黑及潔白，色斑一樣線條
對比要分明。我主要目標是繁殖我喜愛樣式及
顏色的酒紅及熊貓蝦。現在我缸中也有純血水
晶蝦PRL（Hakata Ebis），我正透過篩選繁殖來
提升其品質。

台灣黑金剛
近距離觀賞可發現顏色相當
完美，沒有色薄的透明感
In the close up you can see that
the intensity of the coloring is
perfect. No transparacy at all.

CL: 您缸中那些顏色或品系的變異是最具發展潛力的？

MB: 酒紅及熊貓金剛蝦較具潛力，它們的子代帶有日之丸
（Hinomaru）及花頭白軀（Mosura）的圖樣。在藍金
剛蝦（Blue Bolt）繁殖缸中，我發現了幾隻藍體花頭金
剛蝦（Blue Mosura）。我下一步計畫把藍體花頭和酒
紅及熊貓日之丸/花頭白軀混交，我很好奇會產出什麼
後代。我希望很快就會有穩定的Mosura台灣水晶蝦。

CL: 您繁殖缸的水質參數為何？多久換水一次？換水
少？

MB: 我使用自己的地下水。我有個13公尺深的水井。
星期換水25%。水質為pH 5.9，KH 0，GH 5，導
315μS/cm。換水前我會檢查地下水的導電度是否
前一樣。

Taiwanbee "King Kong"

可以告訴我們您蝦缸鋪什麼底土嗎？您會常常翻新並清除淤泥嗎？

我大部分蝦缸都使用Akadama作為底土。因為我的水源水質參數已經合用了，所以我使用Akadama的主要功能不像其他繁殖者一樣是用來降pH及KH值。我發現Akadama底土能夠吸附磷酸鹽及銅鉛等重金屬，因此我底土的作用類似個預防措施。底土高度約為0.5cm，每年都會更新。

您水中有加入添加物嗎？礦物質，鹽類或水質穩定劑？

我沒使用任何添加物。

您的蝦都餵甚麼飼料？

我混合了多個廠牌的蝦飼料、兔子飼料、乾水蚤、乾絲蚯蚓及綠藻片，這些飼料放進攪拌器中打成粉狀。有時我會加入自己種的乾燥橡樹葉，橡樹葉溶解釋出非常慢，可提供蝦子營養。

Taiwanbee "King Kong"

台灣黑金剛

頭部的白色塊看起來像個箭頭，並不是所有黑金剛蝦都具有白頰

Viewn from above, the white pattern looks like the tip of an arrow. Not all King Kong Taiwan Bees have white cheeks.

Red Wine Shrimp

CL：您認為繁殖缸過濾器的重要性？您使用哪類過濾器？

MB：過濾是繁殖蝦子最重要的課題。我只使用大型海綿過濾器配合底部過濾。繁殖缸過濾棉尺寸為10cm×10cm×缸子寬度。因為海棉很大，所以有足夠面積給硝化細菌以生化方式除去水中的硝酸鹽、磷及氨。

CL：您有特別留意蝦苗，或您如何照顧幼蝦？您常聽到許多養殖者會遇到把蝦苗養大的問題，蝦苗孵化後隨著成長而數量卻越來越少。

MB：盡量保持缸中水質的穩定。很重要的是準備換入的水與缸中原來的水，水質必須相同（pH，KH及導電度），我認為幼蝦對的變動非常敏感。另一個常犯的錯誤是幼蝦缸餵食太多，過度餵食常導致磷酸鹽及硝酸鹽的增加，我認為幼蝦無法承受。

Red Wine Shrimp

酒紅蝦
顏色圖案被等份區隔，此蝦極美
Color patterns are equally divided, the shrimp looks great.

Taiwanbee "Panda"

台灣熊貓

台灣熊貓蝦也是很漂亮的蝦種，圖案上有很多變化，但等份的區隔是我的最愛，色濃度堪稱完美

Panda Taiwan Bees are also great-looking shrimps. There is a great variety in patterns, but an equally divided pattern is my favorite. The color intensity on this shrimp is just perfect.

：您遇過挫折嗎？如何因應？

：當我開始養殖蝦時我遇到了一些麻煩，當時幾乎沒有任何網絡上的資訊，所以我必須自己找出處理方法。我開始繁殖水晶紅蝦時，自來水KH為6，pH 7.8。問題出在養不活幼蝦，幾個星期後它們都死了。我嘗試使用不同來源的水，直到我發現可讓小蝦順利長大的水。這水來自我工作地方附近，它的電導率為210μS/cm，KH 0，pH為6.5。從那個時候起，我瞭解到養殖蝦子的關鍵為酸性的軟水。

另一種挫折是在3年前，有好幾缸的蝦子每天慢慢死亡。一開始我根本不知道發生了什麼事情，後來我發現問題是來自於我在這些水箱中丟了這些石頭。我進行測量並發現缸內磷酸鹽的濃度很高，磷酸可能從這些石頭中釋放出來。移去石頭，加上換水及更換底土後才解決磷酸鹽問題。

CL：你會注意缸中蝦子的數量嗎？極限為多少？

MB：我會留意蝦子的數量，但不會去數到底有幾隻。當我認為要爆缸時就賣掉一些。

CL：想要養殖觀賞蝦，首要記住的事情是甚麼？

MB：最重要的事是避免水質變化。換水時要注意新水與舊水的水質參數必須相同。

飼育者	Michel Botden
Email	info@garnalenparadijs.nl
年　齡	38
來　自	荷蘭，Netherlands
蝦　種	台灣蝦：金剛蝦、熊貓蝦、酒紅蝦、紅寶石、藍 mosusra、藍帶蝦、藍熊貓蝦 水晶蝦：各等級紅與黑水晶蝦、純血紅水晶蝦、黃火蝦、白珍珠蝦
開始養蝦	2006

蝦說
Lets talk
shrimps!

Breeder

Janne Johansson

CL: Janne，我知道您是瑞典最早的專業觀賞蝦繁殖者之一，請問您怎麼開始玩蝦的？

JJ: 我並不認為自己很專業我只是對於養殖各種蝦類，尤其是*Caridina*及*Neocaridina*屬的觀賞蝦有極濃厚的興趣。賣蝦對我而言不是最重要的事，我從十幾歲時就有水族缸，曾經飼養過不同種類的水族生物，例如青蛙、蠑螈、寄居蟹及螃蟹等。我也養過不少觀賞魚，大部分是南美及中美洲的慈鯛。

在2000年初期我興趣缺缺，一個魚缸都沒有。2007年時我在網路上看到紅水晶蝦的照片，從此就迷住了。就像大部分的愛好者一樣從第一缸開始，然後迅速擴缸2、3、4、5、6一直下去。當到達20缸且其中一缸開始漏水並導致樓板損壞時，我面臨一個抉擇，離家、賣缸子或把缸子搬到魚室。經過嚴肅的家庭會議討論，最終把所有缸子等家當搬到一間35m²的地下室。從拼湊新支架、LED照明、自動換水等等開始，就成了現在這副模樣。

CL : 從您網頁上看到一些有趣的分級工作,請您詳述。

JJ : 我致力於瑞典水晶蝦論壇–redbee.se,我們決定合力把紅水晶蝦及黑水晶蝦的分級指引放到此論壇上,因為當時舊的指引並不特別適當。與Jonny Wong合作,我們在2008年試著發表第一個版本,之後一直持續在更新。我感到很有趣所以在私人網站,shrimpzone.com上,做了一個小的索引,主要是針對不同顏色的金蝦(snow white)及台灣蜜蜂蝦(Taiwan Bee shrimp)。我想要發表這些蝦所有的顏色及類型,最好能夠結合全部的亞洲、美國及歐洲的專家及養殖者,一起來擬出世界通用的規則。這工作並不容易,需要與多人一起努力,我們會持續關注後續的進展。

CL : 您目前繁殖的目標有哪些?

JJ : 我沒有特定的標的。我嘗試培育出最濃的色澤及最〔...〕的個體,希望可做出透明度低且可在許多不同魚缸〔...〕活的蝦子。

CL : 您蝦缸中那些顏色或品系的變異是最具發展潛力的〔...〕

JJ : 我真的非常喜歡純血PRL(Pure Red Line)水晶蝦〔...〕相信價格變便宜後在歐洲會很受歡迎。最優的種〔...〕自亞洲尤其是日本,我在過去兩年的繁殖過程中,七〔...〕育出一些很好的PRL水晶蝦。

Caridina cantonensis "Blue Berry Tiger"

藍莓虎紋

藍莓虎紋蝦,可愛的母蝦在倒數第三塊背甲上有小傷,但似乎不會影響其繁殖

Caridina cf. cantonensis "Blue Berry Tiger". Lovely female with a small damage on the last third part of the shell. It didn't seem to affect her ability to produce four litters of offspring

您繁殖缸的水質參數為何？多久換水一次？換水量多少？

這取決於蝦的種類及品系。飼養 *Caridina* 的水質為 pH6.0~6.3，導電度為250μS；而 *Neocaridina* 屬的pH值為7.0~7.5，300μS。我不像一些繁殖者一樣甚麼參數都要監控，只要生長茁壯且繁衍順利，我就不擔心。每隔一星期換水一次，換水量為10~15%，虎紋蝦比較特別每星期都換水.

可以告訴我們您蝦缸鋪什麼底土嗎？您會常常翻新並清除淤泥嗎？

我用Ebigold蝦土好幾年了，我真的覺得好用。我最近在十個蝦缸中鋪了Akadama的"Ibaraki soil"，效果也不錯。我每兩年會換土，當pH值降不下來時也會進行更換。我建議底土鋪厚一點，最好有10-12cm，雖然開始時費用很高，但其功效可維持更久。我不會移除底土中的我認為是有用的淤渣，我會在蝦缸中放入蝸牛及許多水草，這些有助於去除缸中有害的物質。過濾器每年以溫水清洗三到四次。

您對照明的意見為何？您同意強光會影響蝦子體色的理論嗎？

我認為光線對於藻類及水草是很重要的，因此也會影響蝦子的健康，當蝦子覺得舒適時，體色自然會變濃。我只使用rosoku.com的LED照明，它有助於藻類、植物及蝦子的成長。我不認為不同的光譜會影響蝦的顏色，我認為顏色的濃淺是其他因素造成的。

CL： 您水中有加入添加物嗎？礦物質，鹽類或水質穩定劑？

JJ： 在養殖迷你蝦類的這幾年，我都用活性碳過濾自來水並加入 Mosura 的 Mineral Plus 。在2012年我嘗試在一些蝦缸中使用RO逆滲透水及 Logemann brother的 Mineral Salt GH+ 。我不想每缸都用這樣的水，因為我覺得如果每個養殖者的水質都一模一樣，是個很悲哀的事情。新加入的愛好者不需要在他們家中的第一個小缸中使用RO過濾水及不同的礦物鹽。否則會養出對水質極為敏感且無法適應其它水質的蝦子。在瑞典，各處的自來水質都很好，只要稍微調整就很適合養蝦。

繁殖可以相當容易，但如植入一棵新的水草，或有其它不良的變動，在幾小時內就會導致整缸的蝦子死亡

放慢，慢，再慢，
每個程序都要花時間，
蝦子無法適應急速及劇烈的
水質變化 „„

Red ruby „Extreme"

葡萄酒紅蝦
它被稱為葡萄酒紅蝦，但我認為應該稱之為 "紅銅蝦"，因為有許多源自金剛蝦的黑
色澤，我有許多台灣蝦甚至比這隻蝦還黑

Red Ruby "Extreme" Today they are called Red Ruby "Extreme" but I'd rather give them
a new name like "Red Kong" because they have so much black from the King Kong.
Some of my Taiwan Bees are even blacker than this specimen.

CL : 您的蝦都餵甚麼飼料？

JJ : 越多樣化越好。Dennerle的新全方位飼料、Mosura、Genchem、Ebita breed及Ebigold出的飼料，改變食物的大小也很重要，丸狀、顆粒狀、粉狀及薄片等，我也會定期餵食豌豆及粉狀的螺旋藻。

CL : 您認為繁殖缸過濾器的重要性？您使用哪類過濾器？

JJ : 我只用大型的氣舉式海綿過濾器。可提供蝦子許多微生物的食物而且不會造成太強烈的水流。

CL : 您有特別留意蝦苗，或您如何照顧幼蝦？您常聽到訪養殖者會遇到把蝦苗養大的問題，蝦苗孵化後隨著長而數量卻越來越少。

JJ : 如果是舊缸且富含微生物、藻類及泥渣，幼蝦就較容存活。當缸中有剛孵出的小蝦時我會餵食粉狀飼料果只投食丸狀食物，很清楚是幼蝦無法吃到飼料，剛出的小蝦幾乎隨時都要進食。

CL : 您會隔離蝦隻嗎？當蝦子遇到問題時如何治療？如何免疾病相關的問題？

JJ : 老天保佑，我不曾在蝦缸中遇過太麻煩的疾病問題有幾個新蝦的隔離缸，通常會隔離飼養幾個月。我

有缸中放入樹葉（欖仁樹，橡樹及櫸木），我堅定的相信這是保持蝦子健康的一個重要因素。幾年前我遇過渦蟲的問題，曾導致我翻缸換新土。現在我已經掌握了有效的化學除渦蟲方法，而且不影響缸中的蝦子及蝸牛。

您遇過挫折嗎？如何因應？

我常常遇到挫折，我只有少數幾缸狀況是很完美的。兩個相似並得到同等照顧的缸子，結果卻差別甚多。當我設立一個新缸時，我會很用心的從運作良好的舊缸中所培養出的微生物殖入到新缸。有時我真的會取出狀況最好的舊缸過濾棉，將舊水擠入新缸中。

SSS級黑水晶
Crystal Black Grade SSS

Taiwanbee "King Kong"

台灣黑金剛
一隻花紋與眾不同的黑金剛
Unusual pattern on one of my King Kong.

Panda "Blue Shade"

藍體黑熊貓

：你會注意缸中蝦子的數量嗎？極限為多少？

：我對缸中蝦子的數量並沒有實際的上限。我曾經幫我80歲的老媽設置一個20公升的蝦缸，狀況非常好，她只負責餵蝦及定期換掉幾公升的水，缸中孵出了許多小蝦，我認為所有幼蝦均成功存活。上次我去探望她時，缸中大概有100-150隻紅水晶及黑水晶成蝦，加上200-300隻幼蝦。我問她妳怎麼照顧這蝦缸？她回答：就只有餵牠們啊，你不也是這樣嗎？我不太放心，所以就把大部分幼蝦及一些成蝦打包帶回家。

CL：想要養殖觀賞蝦，首要記住的事情是甚麼？

JJ：放慢，慢，再慢，每個程序都要花時間。蝦子無法適應急速及劇烈的水質變化，新設的缸子要花好幾個月才能進入狀況。繁殖可以相當容易，但如植入一棵新的水草，或有其它不良的變動，在幾小時內就會導致整缸的蝦子死亡。另外就是感覺及興趣，觀察蝦子的自然行為，很容易察覺是否有任何不正常。只要你有園藝的巧手（green fingers），你就會有養蝦的巧手（shrimp fingers）。最後，歡迎大家到瑞典的Malmo來參觀我的蝦屋。謝謝！

飼育者	Janne Johansson
Email	johanssonjanne@hotmail.com
年　齡	46
來　自	瑞典，Malmö
蝦　種	許多

Super CRS

超水晶紅蝦

Hung(a)ry for
shrimps!

對蝦的渴望
（匈牙利之蝦）

Breeder

stván Szentgyörgyi

CL：Istavan，在匈牙利觀賞蝦養殖的狀況如何？最受歡迎的種類有哪些？您在當地的寵物店可買到觀賞蝦嗎？

ISz：你好，感謝你這次的訪問，我很榮幸可以藉此機會說明匈牙利觀賞蝦的交流情形。目前在匈牙利並沒有太多人注意到此種水族生物。很幸運這幾年有些進展，但仍難以與西歐國家的榮景相比擬。其它的水族寵物較受歡迎，但我希望可以儘快改變此情況。我試著跟更多人展示蝦的世界是多麼的棒及有趣。

我們現在可在一般水族店找到網球蝦（filter shrimp），沼蝦（amano shrimp）及玫瑰蝦（red cherry shrimp）等。我很高興，雖然不多但已經有一些店家開始嘗試販售水晶蝦等種類。總之和一到兩年前相比，我們已經有不錯的進展。

Taiwanbee "King Kong"

台灣黑金剛
在眼睛旁邊有個小白點,我正試著穩定這個特徵
"King Kong" with white spots by the eyes - I'm trying to stabilize this trait.

CL:您目前繁殖的目標有哪些?您最想要的蝦是哪種?

ISz:我有許多標的,但最重要的是養出一整群健康狀況良好的蝦子,我現在致力於水晶蝦的養殖,另外附帶也飼養虎紋蝦。講到紅水晶蝦及黑水晶蝦的個別變異,我希望培育出身體及蝦腳色濃的紅/黑個體;至於虎紋蝦類,我想要維持一種藍/黑虎紋蝦,有大理石般的紋路,我稱之為Poison Blue Tiger。與大多數人一樣,我也是從無法割捨的玫瑰蝦(*Caridina davidi*)開始養起,現在我也從事於琉璃蝦Caridina rili的養殖。除此之外,我還在進行一個改造虎晶蝦(Tibee shrimps)的小計畫,並加入一小部分台灣蝦的基因,但才剛開始。如

果要提名我心目中最理想的蝦子，那是一隻有濃厚色澤的雙日之丸紅水晶蝦（Double Hinomaru Red Bee shrimp）。擁有紅色蝦腳、白色額角、白尾、蝦頭並帶有白點。

您缸中那些顏色或品系的變異是最具發展潛力的？

老實說我喜歡每種蝦類獨具的特殊樣子。例如我養了一群野生的*Paracaridina* "Super Princess"（擬米蝦屬，中國南部野生蝦）。我真的對牠們令人驚訝的圖案印象深刻，這是大自然造物的真本領。如是針對人工繁殖的蝦類，至少對我而言最感興趣及最有潛力的蝦種為Poison Blue Tigers，極火蝦（Extreme Red Ruby shrimp）及全黑金剛蝦（Extreme King Kong shrimps）。

CL: 您繁殖缸的水質參數為何？多久換水一次？換水量多少？

ISz: 一言以蔽之，我試著把亞硝酸、硝酸鹽及氨的含量降到最低，其他就根據不同蝦類的需求做調整。飼養臺灣品系的pH值為6.0或稍低，總硬度為1~2dGH。對一般水晶蝦而言，pH值稍高為6.5左右。虎紋蝦水質硬度較高，為4到5度的中性水。蘇拉威西的蝦類需要高pH但低硬度的水。Paracaridina則要用為中硬度（12-15 dGH）弱鹼性的水.我基本的準則是只用天然的產品來調理水質，例如碎珊瑚砂或泥炭苔、欖仁葉等等。我所有缸子都是每兩星期換水一次，換水量為25~30%。

Super CRS

超級水晶蝦
超級水晶系列，目前正往紅腳的方向發展
Super CRS line - work in progress for red legs.

Poison Blue Tiger

寶藍虎紋
帶有大理石紋色彩的寶藍虎紋蝦
Poison Blue Tiger shrimp with marbled color.

可以告訴我們您蝦缸鋪什麼底土嗎?您會常常翻新並清除淤泥嗎?

對於要求低pH值的蝦類,我使用ADA的亞馬遜黑土Amazonia。我這幾年試用過多種底土但我覺得此產品最合用,不須降pH值的蝦缸,我採用天然的底砂:黑色的碎玄武岩或白色的石英砂。我換水時會儘量但不會完全移除底土中的淤渣,正常情形下我不常換土,最多一年換一次或更少。

CL:您對照明的意見為何?您同意強光會影響蝦子體色的理論嗎?

ISz:是的,我同意蝦的顏色及濃厚度會受照明影響。我認為太強的光線干擾到蝦子,並對繁殖有負面的影響,如在蝦缸使用強光,一定要提供蝦子可躲藏的地方,如大量的水草、墨絲及裝飾物等。我自己缸子用的照明較少(三到四缸共用一支36W的燈管),所以我只種植對光線要求較低的陰性水草,如鐵皇冠及墨絲。

CL：您水中有加入添加物嗎？礦物質、鹽類或水質穩定劑？

ISz：我在大部分蝦缸中使用RO逆滲透水，及不同種類的鹽及礦物質。我使用天然的產品如蒙脫石（montmorillonite）、墨魚骨（squid bone），也會用觀賞蝦專用的礦物鹽，目前可選用的產品很多。我試著在換水後加入各種不同的礦物質及鹽類添加物。

CL：您的蝦都餵甚麼飼料？

ISz：餵食對蝦子很重要，但避免過量餵食更重要。餵太多會造成水質會惡化等許多問題，通常我兩天餵一次。我喜歡天然營養食材如菠菜、蕁麻（nettle）及蒲公英（dandelion）葉子。這些葉子不能受汙染，所以我都自己種植，除了葉子外我也餵蝦飼料。同樣的，種類也

飼育者	István Szentgyörgyi
Email	szentgyo@gmail.com
年　齡	28
來　自	匈牙利，Budapest
蝦　種	許多
飼養蝦	七年

多，大家都可找到各種多樣化的營養食品。我不會使用添加太多蛋白質的飼料，但有時我也會投食冷凍豐年蝦。我試著提供各種不同的食物，給牠們全方位的養分。

您認為繁殖缸過濾器的重要性？您使用哪類過濾器？

過濾，更精確地來說是供應乾淨的水，對於蝦子的飼養及繁殖是非常重要的。過去幾年我用過各種不同過濾器，而現在我使用的是簡單但非常有效率的方式：氣舉式海綿過濾器。我使用非常大的海綿，可培養大量有用的微生物，外置式的打氣幫浦。在較大的缸子我還會加上外掛式的過濾器，濾材為陶瓷環。整個系統很簡單，我可很容易地設立，清理及保養這些狀況很好的蝦缸。

您有特別留意蝦苗，或您如何照顧幼蝦？您常聽到許多養殖者會遇到把蝦苗養大的問題，蝦苗孵化後隨著成長而數量卻越來越少。

對於幼蝦而言，穩定的水質更形重要。如果缸中剛孵化的小蝦很多，第一時間我會先換小量的水，然後逐步增加，我也會餵食專用幼蝦飼料。如果可以保持各種蝦類適宜的穩定水質，就不會有存活率的問題。最關鍵的時間為前兩個星期及第一次脫殼。如果是軟水飼養，要注意有足夠的礦物質。

您遇過挫折嗎？如何因應？

我認為每個人都曾有過不同程度的挫折。對我來說主要有兩次：第一次發生在C-級水晶蝦的蝦缸。夏天時天氣很熱，我有一次餵食過多蛋白質含量豐富的食物，氨含量突然竄升，在幾小時內整缸蝦全部倒掉。另一次是搬家飼養中的缸子很難遷移，很不幸我沒有機會同時進行新址及舊址的缸子運作，所以在搬遷過程中我損失了很多蝦。我的結論是下一次我會準備完善來避免此類問題發生。（也做到了）

CL: 你會注意缸中蝦子的數量嗎？極限為多少？

ISz: 我無法確知我缸中蝦子的數量，尤其是種了水草及擺放裝飾物的缸子，但還是可粗略估算。

我對每公升可飼養蝦子的數量並沒有實際的上限，但當我看到蝦子太多時，我會試著將部分分缸。當到達一個極限時，牠們自己會停止繁殖以避免蝦口過剩。最近有蝦友開始使用高密度養殖法，但我沒試過。

CL: 想要養殖觀賞蝦，首要記住的事情是甚麼？

ISz: 對於蝦子的繁殖甚至只是飼養，最重要的是耐心及關心。我們需要付出許多的心力才能在養蝦上開花結果。我想以最喜歡的格言之一來結束此次訪談，在心中常記此話：聖修伯里（『小王子』作者Antoine de Saint-Exupery）：你要永遠為你所馴養的東西負責（You become responsible，forever，for what you have tamed.）

Pimp Your Shrimp

當蝦子的皮條客

Breeder

Tobias Giesert

CL：Tobias，我知道您喜歡的蝦種為金剛蝦的各種顏色類型。您目前缸中飼養了哪些蝦，現在致力的工作是什麼？

TG：這些新的變種不一定全部都是我的最愛，但是顏色的變異和模式的變種確實是我此刻的焦點。

2009年我在朋友的缸中首次看到這種蝦，然而這些金剛蝦的顏色強度並不好，因此我沒有真正對它們感到興趣。然而當第一隻顏色更好的黑金剛蝦出現後，我就開始選擇性幫他們配種希望培育出酒紅金剛蝦。現在我有三缸的酒紅和黑金剛蝦，我正在培育純白身體並帶有部份顏色令我賞心悅目的蝦子。除了經典的金剛和水晶蝦外，我也嘗試做一些雜交工作，但還沒正式開始（並不會等太久），所以很不幸我目前尚無法對你說明。

Black Shadow Mosura

在我看來，台灣水晶蝦的命名，以及那些極其含糊不清的等級名稱，並不夠精確，甚至可能會產生誤導

CL：您認為這些蝦應該正名為陰影蝦（Shadow shrimp）非通稱的台灣水晶蝦，可以請您解釋嗎？

TG：在我看來台灣水晶蝦的命名，以及那些極其含糊不清的等級名稱並不夠精確，甚至可能會產生誤導。對我說，這些物種/變異如果沒有學名，至少應該有一個對於它們表型的名稱。因此我認為的"陰影蝦"（Shadow shrimp），連同一個確切的分類是非常合適的。除了少數例外，所有這些變種或多或少清楚地顯示了典型陰影模式。這適用於酒紅蝦變種以及黑金剛蝦的陰圖案，即使不是肉眼清楚可見的其顏色仍是緻密的。亞洲，尤其是在日本所稱的台灣水晶蝦在這裡早就稱為金剛蝦，或其家族成（各種藍帶 Blue Shadow 酒紅Red Shadow及黑金蝦Black Shadow shrimp）因此這個名字真的不是什新鮮事了。

Black Shadow Mosura

黑帶魔斯拉
因為其起源，在黑蝦身上很難維持純白，更何況它們常常和藍金剛蝦混種
It is especially difficult to maintain a clear white especially in black shrimp due to their origins, and even more so as they are often interbred with Blue Bolts.

酒紅金剛魔斯拉 - 頭盔
與所有帶斑金剛蝦一樣，很難得到均勻且分明的圖樣
It is difficult to get a uniform, clear-cut pattern, like with all shrimps of the Shadow family.

Red Shadow Mosura Capped

您挑選蝦子的準則為何？

當然，我會依照開始時蝦子的數量來決定。我主要專注在濃密的體色素沉澱及彩色蝦腳，對於紅和黑水晶蝦除了白色的身軀外，還要有顏色交替的胸足。另一個重要的事情對我來說是標準，清晰的圖案。我不以等級來選擇，但是我喜歡均勻的顏色和圖案分佈，而我認為這種組合很難達到 。

CL：您認為最好的蝦種只能從亞洲找到，或者近期內歐洲的繁殖者就可迎頭趕上？

TG：我不認為我們應該在這裡做總結。來自亞洲經典水晶蝦的品質肯定還是要高出許多，但是我認為透過這些蝦子密切的往來和國際貿易，在未來的幾年會有所改變。在歐洲，我們現在有許多蝦種源於亞洲且雄心勃勃的育種者，將會開始開花結果。在過去的兩年中，飼養高品質蝦的潮流已經飛漲，有許多飼養者不只是一

味的追求蝦子的數量。我們已經開發並更了解如何培育這些蝦的方法，從而購買高價位樣本的風險也變低，這對此方面的發展也有助益。

然而，一些歐洲優秀的育種者也是為何我們還在虎紋蝦及虎晶蝦Tibees等領域，領先的亞洲人的原因。例如許多日本繁殖者到現在為止還是以養殖"經典"的水晶蝦為主。然而他們對虎晶蝦Tibee也越來越感興趣，所以本地育種者也私下與他們合作了相當長的一段時間。

CL：您繁殖缸的水質參數為何？多久換水一次？換水 少？

TG：基本上我只在意導電度，約220-220 μS。當然我知 性底土可把酸鹼值調控在pH5~7左右。但我認為 是多少並不那麼重要。

CL：可以告訴我們您蝦缸鋪什麼底土嗎？ 您會常常翻 清除淤泥嗎？

Red Shadow Banded

斑紋酒紅金剛蝦

酒紅金剛蝦的顏色變異很驚人- 從淡紅到
深勃艮第（紅酒），任何色都有可能

*In Red Shadow shrimp, the color variability
is astonishing - from a light red to a dark
burgundy, anything is possible*

Red Shadow Single Line

一索酒紅金剛蝦

蝦腳的顏色幾乎都均勻了，但蝦腳不紅的可能必須移開繁殖缸

*The limbs are almost uniformly colored, however, half-sider shrimp
may have to be taken out of the breeding pool*

TG：我的*Caridina*及*Neocaridina*蝦缸均是鋪活性的底土，不過*Neocaridina*缸底土是使用過且只有薄薄一層，不會再影響水質。我依照缸子狀況每7~9個月換新一次。因為我大部分的缸子採底部過濾，所以不會吸走淤泥只會清一下底土表面。

CL：您對照明的意見為何？您同意強光會影響蝦子體色的理論嗎？

TG：我認為照明對蝦的顏色或顏色的濃度有一定的影響，可能只佔幾個百分比但卻能有所增進。此外光線也能促進藻類及微生物的成長，是蝦子很好的食物來源對體色也有好處。然而最重要的應該是觀賞：蝦子在特定光線及光譜下看起來更耀眼，照明無法把醜小鴨變成天鵝，但卻能把灰天鵝變白。當然增加微生物食物的來源也有益其顏色。

CL：您水中有加入添加物嗎？礦物質，鹽類或水質穩定劑？

TG：我所有缸中均使用調合礦物質的RO水再加入10%使擁腐植質的泥炭水，在本地加入生化黃腐酸（fulvics）尚未普及。另外我定期加入菌種補充液，以維持健康益菌的數量。除此之外我還在缸中放入所謂的礦物球，這基本上是一個安全措施，以防止因為忘記餵食或類似情形可能造成的營養不足。

CL：您的蝦都餵甚麼飼料？

TG：大致上60%是新鮮蔬菜，如：甜菜、菠菜、白菜；30%人工蝦飼料；10%為蛋白質。

CL：您認為繁殖缸過濾器的重要性？您使用哪類過濾器？

TG：過濾對我來說是很重要的。正如我之前提到的，我所的蝦缸均是所謂的"太多過濾"的，我所有的缸子均底部過濾，配合以一台空氣壓縮機打氣的海綿過濾器此外我有三個串連的圓桶（外置式）過濾器，濾材以瓷為主，過濾每個水族箱，以期降低病菌密度並將硝鹽含量保持在低於5毫克/升。

Q：您有特別留意蝦苗嗎？如何照顧他們？

A：我蝦缸中藻類密度很高，因此滋生了許多微生物，因此蝦苗的食物就不虞匱乏。

Q：您遇過挫折嗎？如何因應？

A：是的，非常大的挫折。有些容我事後再解釋，因為原因仍然不明。每次我總是很幸運地留下一些倖存的蝦，然後再重新建立蝦群，有時是應對措施奏效或有時就只有等待如座右銘，"那就做你想做的吧"。此外特別是在過去的幾年中，我有一些很好的朋友一直在我身邊支持和激勵著我。

CL：你會注意缸中蝦子的數量嗎？極限為多少？

TG：強化篩選可避免此問題。因為販賣及淘汰育種，在我 *Neocaridina* 蝦缸中，蝦子數量一直不多，所以我不會為蝦口過剩而煩惱。

CL：想要養殖觀賞蝦，首要記住的事情是甚麼？

TG：當然，設備：尤其是一個很好的過濾系統及水的化學性質都是成功養殖蝦子的要點。我想我在上面的文字中或多或少說明了一切。然而最重要的一點，在我看來，是深入觀察蝦的行為並研究蝦有某種動作時背後的原因為何。還有純理論並不能取代對蝦子需求的徹底理解。

飼育者	Tobias Giesert
年　齡	31
來　自	德國，Germany
蝦　種	金剛蝦、黑／紅水晶蝦、虎晶蝦、Neocaridina heteropoda 的各種變異種
開始養蝦	2006

Pinto Taiwan Bee

台灣Pinto
典型Pinto台灣蝦，雪白斑點分佈在頭部
Typical for Pinto Taiwan Bee: the white spots on the head

PINTO PAINTED

Pinto彩繪

Breeder

Astrid Weber

CL: Hi Astrid，在水晶蝦界妳已經是以 pinto 蝦聞名於亞洲與歐洲之間的創作者，現在妳是完全專注在pinto呢還是朝別的繁殖創新方向前進？

AW: 目前雖然基於選種的原因pinto佔據了我一些缸子，但還是有些別的品種與變異個體存在缸內的事實。

從2007年開始我就一直養殖無名品系的紅水晶蝦，至今還是一直持有相當的樂趣，並且我擁有一個稱做K14血統的蝦（在經過幾年的選種培育之後其被認為是最具潛力的蝦種）。另外我還有一些金眼藍（黑）虎紋及橘（金）虎紋。當然我也擁有來自台灣改良的蝦種，這些蝦種也花了我不少時間在研究與照顧至少有3年的時間。

Mosura Type Pinto

魔斯拉Pinto
在頭部只有稀少帶點的Pinto彩繪斑點,因此此品系較接近魔斯拉
This shrimp only has weak spots typical for a Pinto. Thus it looks very much like a Mosura.

Pinto Taiwan Bee

台灣Pinto
極具潛力選育種的Pinto,此Pinto既沒有多點的頭部也沒有典型的斑馬紋,是此
種趨勢
Pinto with potential for selective breeding. This shrimp neither has a pure Spotted nor a definite Zebra Pinto pattern. Further selection is desirable or even required

Pinto蝦是怎樣出現在妳的缸中的？為何妳把牠取名叫pinto？

這段期間就我們所知的，已有好幾種方式可以做出所謂的pinto蝦來。我所能說的就是我自己做出來的方法。

在2010年中我從朋友手中得到兩隻來自台灣，紋路特異的黑白水晶蝦。牠們既不是熊貓蝦也不是日之丸（Hinomaru），但牠們看起來跟台灣當時做出來的魔斯拉白軀（Mosura）很相近，但來源並不是很清楚，對這魔斯拉（Mosura）最好的描述是牠們在腹部有些不規則性的黑色斑塊分佈。這兩隻都是公蝦，我把牠們與一些不同的對象交配，嘗試把這些部分特徵都遺傳交接下去，在次一批的子代中，出現了現今我們稱謂 "Pinto

Spotted Head"（頭部帶點的pinto）及 "Pinto Zebra"（斑馬條紋狀pinto），從那時開始至今我就一直著重這兩種型態的發展。

為何取名pinto？概念是來自印地安小馬的圖繪，當我第一次將pinto呈現在德國知名的水晶蝦論壇時，pinto這名字也得到集體決議性的認同。

CL : 妳是如何取決蝦的體表特徵來決定進一步的繁殖目的？主要的焦點在哪裡？

AW : 在選種時我會著重在 "Pinto Spotted Head"（頭部帶點的pinto） 及 "Pinto Zebra"（斑馬條紋狀pinto）的色彩上，但也很明確地色彩及條紋或斑塊都是焦點所在。

Pinto Taiwan Bee

台灣Pinto
我理想中頭部帶彩繪點的Pinto，不但頭部有大白點且具有清晰及漂亮的色彩
My ideal Spotted Head Pinto: nice colors and a clear pattern with especially large spots.

Pinto Taiwan Bees

Pinto的形態截至目前為止還是屬於變異種，但經過嚴格的篩選
與育種後，就會相對穩定許多
*The patterns of the Pinto are still quite variable, but can be easily
stabilised by strict selective breeding.*

CL: 現在有幾種pinto的型態是在純血（true-breeding）的情況下發展？妳認為日後紅/白色彩的pinto會與黑/白色彩的pinto一樣有潛能嗎？

AW: 在經過幾代的選種與育種後，我可以說已經達到90%的純血了。這也意味著一對"Pinto Spotted Head"（頭部帶點的pinto）所產下的子代會有90%的機率跟父母一樣的形態特徵，對"Pinto Zebra"（斑馬條紋狀pinto）來說機率也是一樣。

我認為黑/白色彩pinto的潛能有多少只是個人品味的問題，就我個人意見而言紅/白色彩的pinto會比黑/白色彩的pinto來得更有趣且吸引人。

CL: 妳認為pinto的價格趨勢為如何？

AW: 就某些方面而言，pinto現今的價格是值得購買者付出的，這也符合市場經濟（free economy），也符合為了繁殖而購買的目的。當pinto被論及、涉及價格與蝦的價值觀時亞洲的玩家總是持有與歐洲玩家不同的概念。我在想不管怎麼說，pinto的價格趨勢發展會與紅水晶蝦或近期台灣蝦（指現今台灣繁殖發展出的品種）的價格趨勢一樣平行發展。

CL: 我們可期盼在未來您有什樣新的品種創作發展？

AW: 我認為我們繁殖的台灣蝦還沒有完全達到它的潛能，這是我目前的焦點所在。現今我並未有特殊繁殖的，雖然我總是喜歡有驚喜⋯

CL: 妳繁殖缸的水質參數為何？多久換水一次？每次換水多少？

AW: 當然，我總是給我的蝦嘗試提供牠們最需要的水質參數。水晶蝦、台灣蝦，還包括藍金剛和黑白花玻pinto、金眼虎紋蝦我都使用RO逆滲透水加蝦專用物鹽及GH提昇劑。因為這樣處理水的方法導致水質pH在6.0～6.4之間，KH 1，GH 5。一般我的蝦缸水質參數大概都是這樣，變化不大。10～14天左右換水一次，每次換水量約15～30%。我的黑虎紋缸水質參數pH 6.7～7.0，KH=2～3，GH=6～7。至於蘇拉威西蝦使用RO逆滲透水添加Salty Shrimp Sulawesi Mineral 8.5（德國產品名稱），調整水質為pH 8.1～8.3；KH ，GH 5～6。

金剛蝦的色彩濃度是值得品嚐的，我正朝濃度更深的藍及色彩
一貫的標的前進

Blue Bolt Taiwan Bee

台灣藍金剛
金剛蝦的色彩濃度是值得品嚐的，我正朝濃度更深的藍及色彩
一貫的標的前進

*The color intensity of the Blue Bolt is surely up to taste. I aim for
possibly dark and consistently-colored shrimp.*

斑馬Pinto
繁殖創作的目標之一是清楚區隔的斑馬條紋
One of my goals in breeding are clearly differentiated zebra stripes.

Pinto Zebra

斑馬Pinto蝦頭部也可能帶點，這種型態特徵更加吸引我
Zebra-Type Pintos may also have the typical spots on the head, which
makes this pattern even more interesting to me.

Pinto Zebra

斑馬Pinto
斑馬Pinto幼蝦，具有清晰的條
紋及典型的頭部斑點
*Zebra-Type Pinto. Juvenile
with nice clear stripes and the
typical spots.*

Pinto Zebra

斑馬Pinto
斑馬Pinto蝦頭部也可能帶點，這種型態特徵更加吸引我
*Zebra-Type Pintos may also have the typical spots on the head, which
makes this pattern even more interesting to me.*

當涉及價格與價值觀時亞洲的玩家總是持有與歐洲玩家不同的概念。我在想，不管怎說，Pinto 蝦的價格趨勢會與其它…朝一樣相同方向發展

CL： 妳哪種底材（砂或土）？使用的心得可以告訴讀者嗎？妳經常更換底（床）材嗎？底床上的淤泥妳虹吸抽掉嗎？

AW： 我的虎紋及蘇拉威西蝦我使用一般正常的砂礫來當作底床。其他的品種及特殊個體我則使用活床土（active soils，這裡指的是廠家特製的黑土，裡頭帶有可軟化水及降低pH值的功用），這活床土我主要是使用：Shirakura Red Bee Sand（日本廠牌名），最近我也使用Environment Soil（產品名）。我已經許久未曾去更換底土了，我不能說這樣是不是會有任何負面影響。我只有在重新設缸更換裡面居住品種時才會去更換底床。

CL： 妳的養殖水會添加什麼東西嗎？礦物質？鹽？水質穩定劑？

AW： 除了之前所提到的SaltyShrimp Sulawesi Mineral 8.5（德國產品名稱）之外，我很少會添加其他東西，但我會定期的添加特種落葉，不時地添加礦物質粉末如果手頭上有的話。

CL： 通常妳都餵蝦吃什麼？

AW： 我餵食我的蝦相當具有變化性，有粉末狀食物，大一點的有顆粒或棒狀飼料。偶而也餵食在之前也提到過的落葉，如燙過的大蕁麻葉、中國甘藍菜、乾南瓜。

CL： 在妳繁殖缸中妳使用什樣的過濾方式？

AW： 當然，繁殖缸的過濾是非常重要的。然而對我來說沒有一決定性的方法。大部分我會使用內置式沉水濾器（Aquaball filters）、圓柱內置式串連生物過濾（Bio Maximal filters，德制，此產品從未被引進國內或者在我的蘇拉威西缸中我使用海綿生物過濾器。化菌及水質穩定劑我則較少使用。

CL： 對於蝦的子代有什特別的照顧法，或是說你怎麼處理蝦？因妳也應常聽說許多繁殖者會對飼養成群幼蝦現問題：伴隨著牠們的成長數量愈來愈稀少。

AW： 經常性地可以看見我缸中時常有著幼（小）蝦。實際我並未施以什樣特殊的手法，我還是規律性地換水不管缸中是否有小蝦，如果缸中一有小蝦的話，從牠生命開始的第一天我就會開始餵養粉末狀的飼料以保牠們的營養。

CL： 妳曾遇過飼養或繁殖上的挫折嗎？若是，妳如何處理

AW： 當然有遇過挫折，甚至跌到谷底，誰沒有過呢？

我記得我一開始養蘇拉威西蝦的時候是正值市場正的時候，當時我無助地看著我的蘇拉威西蝦一隻一的死去，甚至連牠們繁殖出的小蝦也無法顧及維持存活，我花了好長的時間才去克服這些問題，甚至更的時間才知道與了解怎麼樣飼養與繁殖。

CL： 妳會監視妳缸中有多少蝦？有數量上的上限嗎？

AW： 我並不會刻意地去控管缸中蝦的數量。當然一個只20公升水量的蝦缸，開始以8~10隻的量，要等到牠順利生產還是需要一段時間的。然而有時候為了選的目的你也不得不去設置這種小水量的缸。如果缸蝦群數量密度太高，則必須緊密地監控水質變化，此有時即使是飼養密度高的缸還是會成功的

當妳在繁殖蝦時甚麼是最重要的事？

現今已有許多的水族產品可以幫助你成功達成養殖水晶蝦所需要的水質，也就是說你可輕易達到水晶蝦所需的水質環境。在你要養殖或繁殖水晶蝦以前儘可能收集資訊與情報確定你是否可以做到牠們所需要的水質環境以及最重要的是可以信任的品種來源。如果這些你都做到了，只要做好日常水質監控、餵食以不同的素材而且不要過度餵食，那麼你將會有持續不斷的樂趣與水晶蝦共舞！我可以保證。

飼育者	Astrid Weber
Email	schnurpel12307@aol.com
年 齡	46
來 自	德國，Seelze
蝦 種	紅、黑水晶蝦、黑虎紋 BT0、橘（金）虎紋、紅黑台灣水晶蝦、台灣藍金剛、台灣 pinto、蘇拉維西白襪蝦（Caridina dennerli）、蘇拉維西黃斑蝦（Caridina spinata）
開始養蝦	2007

Blue Bolt Taiwan Bee

台灣藍金剛
這隻母蝦擁有極佳且一致的藍色調，更重要的是頭及身體都有均勻且濃密的色澤
This female has a very nice and - important - consistent blue color. Head and body are uniformly and intensively colored.

澄澔 AQUARIUM

一個源自台灣的動力
我們領先、我們發現、我們分享

"澄澔"正式成立於2010年6月
"澄澔"擁有全台最強大的專業服務團隊
也是台灣開發精緻觀賞魚的領先業者
在總公司"Aqua Project Taiwan co., Ltd"的支持下
成為全台最國際化的水族活體貿易公司

一個源自台灣的動力　精緻水族的領導品牌

AQUA PROJECT TAIWAN

LIMPID

SHRIMP PRODUCTS
水晶蝦系列產品

www.up-aqua.com

水晶蝦專用底砂
SHRIMP SAND D-550

- Not easy disintegration, to reduce the labor of reset up aquarium.
- Montmorillonite addition.
- Rich of elements.
- PH value is 6.5 approximately.

- 不易崩解，減少翻缸的麻煩。
- 蒙脫石成分添加。
- 富含微量元素。
- pH值約6.5。

UP "SHRIMP SAND" is designed for high-class shrimps like Black Kingkong Shrimp, Black Bee Shrimp, Crystal Red Shrimp, Red Cherry Shrimp, Lazurite Shrimp...etc. This shrimp sand was adopted special formula with refine manufacturing process and through the expert of shrimp-keep to do long time testing, all shrimps not only grew and bred but also increased the survive rate of baby shrimp, it's the best choice of shrimp-keeper.

雅柏"水晶蝦專用底砂"是針對高級蝦類如：黑金剛蝦、黑白蝦、水晶蝦、極火蝦、琉璃蝦...等等蝦類所研發設計。採用特殊配方加上精密製程來生產製造。同時經過蝦類繁殖專業人士的長期試用，不但蝦類能健康成長且開始大量繁殖，小蝦的出生存活率也極高，是養蝦人士的最佳選擇。

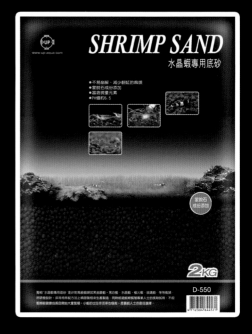

水晶蝦專用飼料
RED BEE
SHRIMP E-227

RED BEE SHRIMP requires abundant supply of chitin food and lactic calcium acid to maintain normal growth during the period of shell casting whilst plentiful and stable vitamins and minerals are essential elements for nourishing healthy for the shrimp shell. In addition, the supply of B-glucan can strengthen the resistance of the shrimp from vulnerable disease.

豐富的甲殼素與乳酸鈣是水晶蝦脫殼成長所必需的健康元素，而內含多量且穩定的維生素與礦物質，更是維繫蝦殼白質的重要因子，多醣體成份也能確保水晶蝦抵抗力的增強。

總硬度測試組
GH TEST KITS

(General Hardness)測試劑；以最簡易的方式及最短的時間內，可以輕鬆判讀出水中的總硬度值，提供玩家一個正確的水質依據，來建立一個最正確的水質環境。

D-618

總硬度提升劑
GH BUILDER

本劑含有水晶蝦生長與繁殖的必需元素與維他命，可將水中鈣鎂為主的總硬度值，安全提升至水晶蝦正常成長與脫殼繁殖時的環境條件，但完全不影響水中pH值和KH值的變化，並充分供應水中不足的繁殖營養元素，可藉此增豔體體色、提升蝦體繁殖率，並強化繁殖後的幼蝦存活率。(本劑也極適合用於水草缸)

D-424-300

雅柏

上鴻實業有限公司
UP AQUARIUM SUPPLY INDUSTRIES CO., LTD.

大陸：TEL：+86-020-81411126 (30) FAX：+86-020-81525529
QQ：2696265132   e-mail：upaquatic@163.com
台灣：TEL：+886-2-22967988 FAX：886-2-22977375
http：//www.up-aqua.com   e-mail：service@up-aqua.com